ÉTUDES

STRATIGRAPHIQUES ET PALÉONTOLOGIQUES

POUR SERVIR A L'HISTOIRE

DE LA

PÉRIODE TERTIAIRE

DANS

LE BASSIN DU RHONE

LYON. — IMP. PITRAT AINÉ, RUE GENTIL, 4.

ÉTUDES

STRATIGRAPHIQUES ET PALÉONTOLOGIQUES

POUR SERVIR A L'HISTOIRE

DE LA

PÉRIODE TERTIAIRE

DANS

LE BASSIN DU RHONE

PAR

F. FONTANNES

IV

LES TERRAINS NÉOGÈNES

DU PLATEAU DE CUCURON

CADENET — CABRIÈRES-D'AIGUES

GENÈVE
H. GEORG, LIBRAIRE
65, RUE DE LA RÉPUBLIQUE

PARIS
F. SAVY, LIBRAIRE
77, BOULEVARD SAINT-GERMAIN

1878

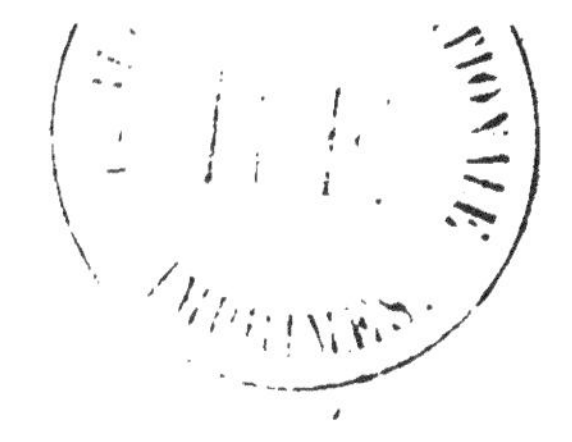

INTRODUCTION

Cabrières-d'Aigues, petit village du canton de Pertuis (Vaucluse), situé au pied du versant méridional du mont Luberon (1), est une des rares stations fossilifères du bassin du Rhône dont les Invertébrés aient été soumis à une étude approfondie, et encore le doit-il à un gisement célèbre de Mammifères, qui, en 1862, attira M. Albert Gaudry dans cette région et fut de sa part l'objet de patientes recherches. Mais si le travail du savant professeur du Muséum sur les Animaux fossiles des formations continentales, si la description des Mollusques des marnes marines subordonnées, dont MM. P. Fischer et Tournouër accompagnèrent ce remarquable mémoire, ont enrichi de notions précieuses nos connaissances

(1) Je crois devoir restituer à cette chaîne de montagnes le nom qui est inscrit sur la carte de l'état-major, et qui est d'ailleurs préférable, d'après M. Courtet et d'autres étymologistes, à celui que M. Sc. Gras a adopté.

sur la faune du Sud-Est à la fin de l'époque miocène, il n'en est que plus regrettable que les observations stratigraphiques auxquelles les gisements de Cadenet, de Cucuron, Cabrières-d'Aigues, conviaient l'habile explorateur de la Chypre et de l'Attique, aient dû être ajournées à de nouveaux loisirs.

En effet, les Mammifères exhumés du limon rouge du Luberon, par l'abondance de leurs débris et la variété de leurs formes, aussi bien que par les rapprochements qu'ils suscitaient entre la faune de la Provence et celle de l'Europe orientale, absorbèrent à ce point M. Gaudry qu'il ne put aborder l'étude des dépôts tertiaires qui affleurent sur une longueur de 11 à 12 kilomètres entre la craie du Luberon et les galets de la Durance; mais il n'en fixa pas moins, avec la plus grande exactitude, la succession des couches auxquelles il fut contraint de limiter ses investigations.

Cependant, en outre de ces formations privilégiées, il en est d'autres, peu ou mal connues, qui leur sont trop intimement liées pour que l'étude puisse en être négligée, car elles permettent de mieux préciser la position des gisements classiques de la vallée de la Durance dans la série des assises tertiaires du bassin du Rhône, — et, par suite, de rectifier quelques-uns des parallélismes qu'on a cru pouvoir établir entre eux et d'autres stations moins célèbres, mais non moins importantes du Sud-Est de la France.

C'est à décrire aussi exactement que possible tous les dépôts néogènes qui s'étendent au pied du Luberon, à établir aussi sûrement que les obstacles inhérents à la configuration de la région le permettent, la position relative de chacun d'eux, à les rattacher ensuite à ceux que j'ai décrits et classés dans quelques monographies antérieures, que je m'appliquerai particulièrement dans cette étude. Quant à la partie paléontologique, déjà traitée avec tant de soin et de compétence, au moins pour les zones les plus fossilifères, je me bornerai à ajouter quelques données supplémentaires aux notions intéressantes que l'on doit à MM. Gaudry, Fischer et Tournouër.

Il n'est que juste de rappeler aussi les noms de M. E. Dumortier, le premier paléontographe des marnes de Cabrières, de MM. Ém. Arnaud, de Christol, P. Gervais, Sc. Gras, Matheron, qui ont, à diverses reprises, publié d'importants travaux sur les terrains ou les fossiles tertiaires du département de Vaucluse.

LES
TERRAINS NÉOGÈNES

DU

PLATEAU DE CUCURON
(VAUCLUSE)

CADENET — CABRIÈRES-D'AIGUES

I

Coupes géologiques

La région qui a été plus spécialement l'objet de mes recherches, est comprise entre les villes ou villages de Lourmarin, de Vaugines, de Cucuron, de Cabrières, alignés au pied du Luberon, et ceux de Cadenet et de Villelaure, qui s'élèvent sur le bord septentrional de la plaine alluviale de la Durance. Sillonnée par de nombreux torrents qui, descendant de la chaîne néocomienne, ont creusé dans la vallée de larges sillons, aujourd'hui presque toujours à sec, disloquée par le soulèvement d'un récif de la mer helvétienne, qui perce à peine actuellement la nappe des formations récentes, cette contrée présente une série d'accidents orographiques relativement favorables à un examen détaillé de la constitution du sous-sol.

Malheureusement, il est souvent difficile de suivre sans interruption toutes les assises depuis la base jusqu'au sommet du groupe miocène. Certaines d'entre elles, suffisamment en évidence sur quelques points, se laissent à peine deviner sur d'autres, soit qu'une inclinaison trop faible les fasse disparaître sous les dépôts qui leur ont succédé, soit que les éboulis de la montagne ou les alluvions de la vallée les couvrent d'un revêtement impénétrable. Ces obstacles, joints à la pauvreté en fossiles des zones inférieure et moyenne, m'ont engagé à relever et à présenter ici plusieurs coupes parallèles, qui, en se complétant à certains points de vue, se contrôlassent à d'autres et pussent ainsi réduire autant que possible les chances d'erreur. En voici l'analyse, en allant de l'ouest à l'est.

I. — COUPE DE LA COMBE DE LOURMARIN A CADENET

Pl. III, fig. 1.

Cette coupe, que j'ai prolongée au nord et au midi, afin de montrer les rapports des couches inférieures de cette région avec la mollasse des environs d'Apt et de Rognes (Bouches-du-Rhône) (1), cette coupe, dis-je, est une de celles dont l'ensemble présente le plus de clarté, le soulèvement de l'îlot crétacé de la Deboullière n'ayant exercé qu'une influence à peine sensible sur l'allure normale des couches. C'est en

(1) Je n'ai pu consacrer assez de temps à l'examen des terrains secondaires et éocènes des environs d'Apt et de Rognes pour garantir tous les détails de cette coupe sur ces points extrêmes ; je me suis surtout appliqué à reconnaître l'âge et la position de la mollasse, qu'il était important de relier aux dépôts du plateau de Cucuron.

même temps celle qui, grâce à la gorge de Lourmarin, permet d'étudier le plus facilement la base du miocène marin (1).

La combe de Lourmarin, qui livre un passage si pittoresque à l'Aiguebrun et à la route d'Apt à Pertuis, est en effet la seule coupure de quelque importance qui traverse la grande ondulation crétacée du Luberon et mette en communication le bassin d'Apt et celui de la Durance; aussi est-il assez surprenant qu'aucun géologue n'ait encore profité d'un accident topographique aussi favorable, pour étudier les dépôts tertiaires plaqués sur les flancs de la roche néocomienne. Il eût été facile de reconnaître que les couches à *Pecten planosulcatus*, dites *Mollasse de Cucuron*, loin de représenter la base des terrains miocènes marins, s'y trouvent au contraire presque au sommet et ne peuvent par conséquent être parallélisées avec la mollasse de Saint-Paul Trois-Châteaux, de Montségur, etc., en un mot, avec toutes les formations mollassiques du bassin du Rhône, caractérisées par l'abondance d'un *Pecten* improprement désigné sous le nom de *P. scabriusculus*, Matheron (= *P. præscabriusculus*, Font.).

Il n'y a, en effet, qu'à examiner les escarpements qui dominent la route depuis le *Pas du Lancier* (fig. 1) jusqu'à l'issue méridionale de la combe, pour reconnaître l'erreur dans la-

(1) Depuis la présentation de cette note, j'ai pu m'assurer de la présence des marnes et calcaires d'eau douce jusqu'au pied du versant septentrional du Luberon. Ils sont même assez épais sur la rive gauche du torrent qui vient se jeter dans l'Aiguebrun à peu près vers le point où, sur la coupe I de la planche III, commence le pointillé qui unit le Néocomien du Luberon à celui des environs d'Apt.

Sur les flancs du monticule qui s'élève au nord de ce torrent et qu'on peut désigner sous le nom de *les Grégoires*, comme sur ceux des plateaux des Crêts et de Bonnieux, on voit clairement, en effet, le Néocomien supporter un calcaire marneux blanchâtre, souvent pétri de minuscules Bythinies (?), fortement incliné vers le sud sous la tuilerie des Grégoires, et subordonné à la mollasse. Les sables et argiles bigarrés paraissent manquer sur ce point, mais on reconnaît une partie de leurs éléments dans le conglomérat à cailloux verdâtres par lequel débute la mollasse marine.

La coupe du massif compris entre le Néocomien du Luberon et la route de Bonnieux pourra donc être rectifiée et complétée à l'aide de ces données supplémentaires.

quelle on est tombé jusqu'ici. Voici les diverses assises que j'y ai rencontrées :

a. Terrain crétacé : Néocomien. — Calcaire à grain fin, lithographique, jaune clair, grisâtre par altération, alternant en bancs peu épais avec des couches marneuses assez riches en Spatangues.

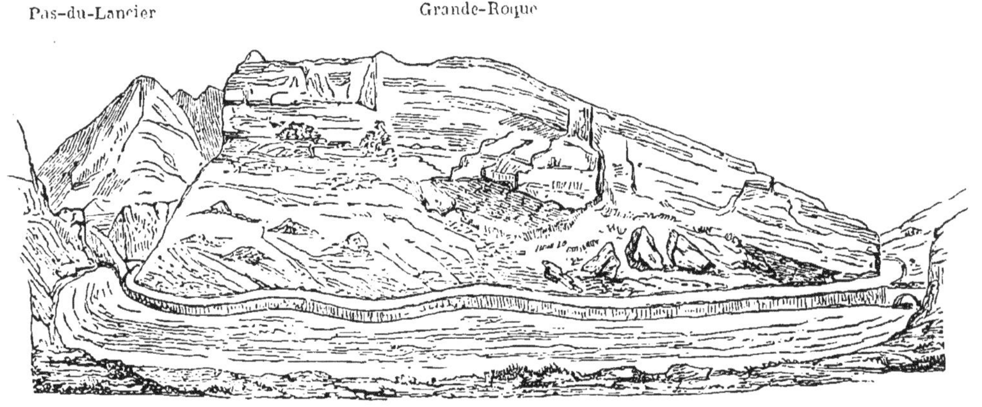

Fig. 1.

Le calcaire néocomien m'a paru sur ce point passablement disloqué, et l'inclinaison générale vers le sud y est soumise à de nombreuses variations. Les strates semblent moins inclinées sur la rive droite que sur la rive gauche de l'Aiguebrun ; de plus, le plongement n'est pas le même des deux côtés du torrent, ce qui pourrait faire supposer l'existence d'une faille ou tout au moins d'une fracture ayant déterminé le passage des eaux, et que celles-ci auraient peu à peu élargie et affouillée, ainsi qu'en témoignent les roches souvent usées, moutonnées, excavées, des immenses parois de la combe.

1. *Sable marneux, gris verdâtre, incohérent, parsemé de nodules calcaires blanchâtres.* — Dans les 18 mètres inférieurs sont répartis 4 à 5 bancs de galets de silex verdâtres à la surface, souvent d'assez forte taille. Stratification très capricieuse : les galets de silex forment parfois des amas chaotiques. — Épaisseur approximative. . . . . 40 à 50m00

2. *Conglomérat ou plutôt brèche calcaire à éléments de toute taille dans le plus grand désordre.*— Faciès très tourmenté. Les cailloux néocomiens dominent d'une manière sensible ; quelques-uns sont perforés. On remarque aussi des galets et même des blocs d'un grès siliceux rougeâtre, provenant sans doute de la dénudation des Sables et argiles bigarrés. Le tout est cimenté par un sable fin, marneux, verdâtre, analogue à celui qui est subordonné au conglomérat. — Epaisseur. 4,00

3. *Mollasse calcaire bréchoïde, très compacte, très dure,* à éléments peu volumineux et de plus en plus petits à mesure qu'on se rapproche de la partie supérieure. — Les débris organiques deviennent au contraire de plus en plus abondants, et dans les 25-30 mètres supérieurs forment presque à eux seuls la masse du dépôt. Les parties plus particulièrement accessibles aux dissolvants atmosphériques montrent en relief des débris de *Pecten (P. præscabriusculus?)*, des valves d'Huîtres de petite taille, des baguettes d'Oursins *(Cidaris Avenionensis)*, des Bryozoaires (Nullipores, cc.), des Spongiaires, etc. L'ensemble de cette assise est divisé assez régulièrement en bancs de 30 à 40 centimètres. — Epaisseur totale. . . . . 70 à 80^{m}00

La mollasse calcaire à Nullipores fait corps avec le calcaire néocomien et ne se distingue pas facilement à une simple inspection de la chaîne du Luberon; elle se prolonge jusqu'à l'issue de la gorge de Lourmarin, où ses dernières couches sont subordonnées aux dépôts meubles qui constituent le sous-sol du bas plateau de Cucuron.

4. *Marne sableuse jaunâtre.*— L'inclinaison de cette assise, d'abord égale à celle du substratum, c'est-à-dire à près de 45°, diminue ensuite peu à peu. Je n'ai pas recueilli de fossiles sur ce point.

En se dirigeant vers Lourmarin, on marche sur cette même marne sableuse, plus ou moins recouverte par les alluvions, et dont l'épaisseur est difficile à évaluer par suite des modifications que subit l'inclinaison des strates. Je ne crois pas cependant qu'elle puisse être moindre que . . . . 150^{m}00

A 400 mètres environ de la combe commence une série de buttes ou mamelons qui dénotent la présence d'une roche plus résistante.

5. *Grès dur, calcaire, jaunâtre,* à *empreintes ocreuses :* dents et os de Pois-

sons, Balanes, *Turritella bicarinata*, *Pecten substriatus*, *Arca Turonica ?* — Dans le haut, ce grès devient très ferrugineux et se charge d'un grand nombre de petits galets calcaires. — Épaisseur. . . . . 3 à 4,00

C'est ce grès calcaire qui couronne la butte *des Ginoux* et supporte, un peu plus au sud, le château de Lourmarin ; les érosions qui ont laissé subsister ces deux monticules, ont mis à nu, à leur base, les marnes sableuses jaunes, 4, qu'on voit passer par transitions peu sensibles au grès ferrugineux, 5.

Entre Lourmarin et la colline de Cadenet, dont les pentes septentrionales sont désignées sous le nom de *les Gardis*, le sous-sol est formé de sables jaunes ou verdâtres, plus ou moins marneux, au milieu desquels pointent quelques bancs d'une *lumachelle ferrugineuse rougeâtre*, 6 ; mais la rareté et le peu de développement des affleurements ne permettent pas d'étudier convenablement ces dépôts. Il n'en est pas de même des Gardis, au pied desquels j'ai pu relever la coupe suivante :

7. *a*. Sables marneux jaunâtres. . . . .
b. Calcaire marno-sableux (1er banc) : *Pecten scabriusculus*, *P. planosulcatus*, *P. subvarius*, *Ostrea Boblayei*, *O. digitalina*, *Arca Turonica*, *Panopæa*, *Tapes*, *Echinolampas hemisphæricus*, etc. — Épaisseur. 2m00
c. Sable marneux ; faune peu variée: *Pecten scabriusculus* de grande taille. 8 à 10,00
d. Calcaire marno-sableux (2e banc) : *Pecten scabriusculus* ; nombreuses empreintes de petites espèces. 1,00
e. Sable marneux peu fossilifère. 4,00
f. Calcaire marno-sableux (3e banc) : *Pecten scabriusculus*. . . 4,00
g. Marne sab'euse jaune, peu fossilifère. . . . .

Les couches qui suivent ces alternances de sables marneux pauvres en fossiles, et de calcaires marno-sableux présentant au contraire une faune remarquable par le nombre des individus et par les dimensions de certains d'entre eux, sont en partie recouvertes par les cailloux éboulés des alluvions anciennes qui couronnent le plateau. Cependant, en redescendant du côté de Cadenet, on peut encore reconnaître la présence, sinon mesurer exactement l'épaisseur des assises suivantes :

Limon rouge, cimentant sur certains points le cailloutis superposé. . .	
Calcaires et marnes palustres à *Helix Christoli*.	30 à 40m00
Marnes grises à *Proto rotifera*.	10 à 12,00

Ces marnes grises reposent plus ou moins directement sur le dernier banc de calcaire marneux à *Pecten scabriusculus*, qui projette, en avant des dépôts superposés, une sorte d'entablement sur le bord duquel s'élèvent les ruines du Château. Au-dessous, la colline s'abaisse brusquement, en formant un escarpement de près de 100 mètres, qui domine la plaine de la Durance, et le long duquel s'échelonnent les maisons de Cadenet. On peut y étudier, dans des conditions plus propices, les assises marno-sableuses des environs de Lourmarin, et surtout celles immédiatement subordonnées aux couches à *P. scabriusculus*, entamées ici par la pioche, qui jadis y creusa d'assez dangereux abris et qui en extrait aujourd'hui de médiocres matériaux de construction.

II. — COUPE DE VAUGINES AU CASTELAR

Pl. III, fig. 2.

Quoique la plupart des assises subordonnées au limon rouge soient difficiles à reconnaître dans la petite combe de la Georgette creusée au nord de Vaugines, sur les flancs du Luberon, cette coupe n'en est pas moins intéressante à suivre jusque-là, à cause du plongement anormal des assises tertiaires que M. Sc. Gras a cru y observer.

« Il est à remarquer, dit cet auteur, que les couches tertiaires dont nous venons de parler (calcaire lacustre et limon rouge), au lieu de se relever contre la base du Léberon, qu'elles recouvrent sur une grande longueur, plongent au contraire de son côté, et qu'elles conservent cette inclinaison discordante jusqu'au contact même du calcaire néocomien. En cherchant à nous rendre compte de la cause d'une disposition aussi anormale, nous avons pensé qu'on pouvait la trouver dans une ondulation souterraine du terrain néocomien, qui, à une certaine distance du Léberon, aurait renversé contre lui les couches adjacentes (1). » Cette hypothèse est appuyée par deux coupes (2), qui lui donnent la plus grande vraisemblance.

Or, lorsque après avoir gravi les collines qui avoisinent Vaugines, on continue l'ascension du Luberon, on arrive dans une petite combe qui sépare en effet le limon rouge du calcaire crétacé, mais dont les terrains n'appartiennent ni à l'une ni à l'autre de ces deux formations.

La grange *la Georgette*, située à une altitude de près de 500^{m}, sur la pente septentrionale de la combe, est adossée à un grès mollassique très dur, qui supporte les assises suivantes :

a. Marne sableuse verdâtre.
b. Marne sableuse foncée ; épaisseur approximative, 20 à 25 mètres.
c. Sable marneux jaunâtre.
d. Sable jaune compacte.

Ces sables plus ou moins marneux et compactes, dont je ne puis préciser le niveau, faute de fossiles, mais qui appartiennent bien certainement à la zone moyenne du Miocène marin, plongent très évidemment vers le sud, et je ne puis

(1) *Descr. géol. dép. Vaucluse*, p. 209.
(2) *Op. cit.*, pl. I, fig. 7, et pl. II, fig. 15.

m'expliquer l'assertion de M. Sc. Gras, qu'en supposant que ce géologue s'est borné à parcourir du regard les monticules rougeâtres qui s'élèvent au nord de Vaugines. En effet, de Vaugines même on ne peut soupçonner l'existence de la combe de la Georgette, et le limon rouge qui, près du village, plonge vers le nord, paraît butter contre la craie. Mais il suffit de suivre les ravins qui découpent en une longue série de collines parallèles la nappe de limon étendue au pied du Luberon, pour voir celle-ci se relever bien avant d'atteindre le calcaire néocomien.

En parcourant la combe de la Georgette, on peut retrouver toute la série miocène du plateau de Cucuron, mais dans des conditions fort peu favorables aux observations ; il faut donc se borner à en constater la présence, et aller les étudier près du village même de Vaugines. On ne tarde pas à dépasser la ligne synclinale et à voir apparaître, sous le limon rouge, *a*, les assises suivantes, fortement inclinées vers le sud :

b. Calcaire blanc à *Helix Christoli*.
c. Marne à lignite.
d. Marne et sable fin, sans fossiles (?). — Ce dépôt est très constant ; on le rencontre dans toute cette région à la limite des formations marines et des dépôts lacustres.
e. Marne grise à *Proto rotifera* et *Cardita Jouanneti*.
f. Calcaire marno-sableux à *Pecten scabriusculus*, *P. Cavarum*, *P. plano sulcatus*, alternant avec des marnes foncées, caillouteuses, à *Venus islandicoides*, *Tellina lacunosa*, renfermant de véritables bancs d'*Ostrea digitalina*. Le calcaire forme trois bancs bien distincts, dont les épaisseurs relatives sont les mêmes qu'aux Gardis (V. coupe I).

Cette dernière assise, qui, soulevée par le repli crétacé de la Deboullière, forme dans tout le bassin de Cucuron un bourrelet parallèle à la chaîne du Luberon, porte généralement dans le pays le nom de *la Roche*. A Vaugines, où elle est fortement redressée, elle repose sur des sables marneux, à peu près sans fossiles, formant talus au nord de la route qui traverse le village.

Au sud de la Roche s'étend une vaste plaine creusée dans des couches très meubles, dont l'étude serait bien difficile sans l'intercalation, dans cette puissante masse sableuse, de bancs plus compactes qui présentent quelques affleurements intéressants et servent ainsi de points de repère. Voici la série des couchq saue j'ai pu reconnaître :

g. Sable marneux jaunâtre, immédiatement subordonné à la Roche de Vaugines et entaillé par la nouvelle route; visible sur. . . . . 15 à 20^{m}00

La culture ne permet pas d'observer les dépôts qui suivent sur une longueur de près de 100 mètres; au delà on trouve :

h. Calcaire marneux, pétri de débris de coquilles formant lumachelle; ce banc est exploité. — Épaisseur. 2,00

i. Marne sableusse grise. . . . . 1 à 2,00

j. Calcaire marneux, se divisant en plaquettes dont les joints montrent des empreintes et des moules en grand nombre. Toutes les coquilles paraissent de très petite taille; les Corbules dominent. On reconnaît aussi quelques Gastéropodes, de petits *Pecten (P. Fuchsi*, var. ?), des Arches, etc. 4,00

k. Marne sableuse grlse. 2,00

l. Marne sableuse compacte, à nodules calcaires blanchâtres : pinces de Cancériens, *Anomia, Pecten Fuchsi*, var. ?

m. Marne sableuse grossière, grise, tachetée d'hydroxyde de fer, et bancs compactes intercalés.

Les couches *l* et *m*, qui forment un repli de terrain assez accentué, peuvent avoir ensemble une épaisseur de. . . . . 7 à 8,00

n. Sable marneux, peu épais, constituant une légère dépression ent e la couche précédente et la suivante.

o. Marne plus ou moins sableuse, grisâtre. 3,0

Au delà, il est de nouveau impossible d'observer le sous-sol jusqu'au pointement de calcaire néocomien de la Deboullière, qui explique le plongement vers le nord des couches qu'on rencontre depuis ici jusqu'à Vaugines. En suivant le Laval, qui le traverse par une étroite coupure, on peut voir distinctement la structure en voûte de cet îlot crétacé, dont les flancs sont à certains niveaux criblés de perforations.

Les assises tertiaires qui au midi sont soulevées par la Craie de la Deboullière, appartiennent à un groupe fort important à cause de sa constance dans tout le bassin du Rhône et comprenant :

p. Sable jaunâtre, ferrugineux, avec intercalations de lits plus ou moins marneux : *Myliobates*, *Ostrea crassissima*, *Pecten substriatus*, *Amphiope perscipillata.*—Épaisseur. . . . . 10 à 15m00
q. Grès lumachelle caractérisé par l'abondance des moules d'une petite espèce de *Cardium;* dents de Squales, *Turritella bicarinata*, etc.

Les sables à Amphiopes et le grès à Bucardes peuvent s'observer aussi sur la route de Cadenet à Cucuron, où ils forment un petit mamelon en face de la grange Ripert.

Les couches étant inclinées vers le sud depuis la Deboullière, on parcourt de nouveau toute la partie moyenne et supérieure des formations miocènes en se dirigeant vers la colline qui fait suite à celle de Cadenet, de l'autre côté du Laval, et dont voici la coupe :

a. Marne sableuse grise, mouchetée d'hydroxyde de fer, compacte au sommet; visible sur. 45,00
b. Alternances de calcaire marno sableux à *Pecten scabriusculus* et *P. planosulcatus* et de marne sableuse grise (7 de la coupe des Gardis et *f* de celle de Vaugines). . . . . 40 à 45,00
c. Marne grise à *Proto rotifera*, *Venus islandicoides*, etc. . . 5 à 6,00
d. Marne argileuse, bleuâtre, sans fossilles ?. . . . . 3 à 4,00
e. Marne à lignite. . . . . 15 à 20,00
f. Calcaire blanc à *Helix Christoli* . . . . 50 à 55,00

Le calcaire blanc, qui s'élève abruptement au-dessus du plateau formé par les couches à *Pecten scabriusculus*, est recouvert d'un cailloutis à ciment sableux, dans lequel j'ai remarqué de nombreux cailloux impressionnés. On sait que ce caractère a joué un rôle prédominant dans la classification de certains conglomérats et pondingues du Dauphiné, assimilés par quelques géologues au Nagelfluh mollassique de la

Suisse. Le cailloutis du Castelar (1), qu'on retrouve d'ailleurs au sommet des collines de Cadenet, de Villelaure, est classé par M. Sc. Gras dans son terrain lacustre supérieur, et parallélisée par conséquent avec les poudingues à coquilles d'eau douce du Bas-Dauphiné, dont les environs de la Tour-du Pin présentent un des meilleurs types.

III. — COUPE DE CUCURON AU MONT LUBERON

Pl. III, fig. 3.

Cucuron, depuis longtemps inscrit dans les annales de la géologie, est bâti sur les dernières assises de cette masse sableuse qui supporte les couches à *Pecten planosulcatus*, et dont les érosions ont épargné un monticule couronné aujourd'hui par les ruines d'un vieux château. Ces sables fins, marneux, jaunâtres, à peu près sans fossiles, deviennent dans le haut de plus en plus marneux et noirâtres, et passent enfin au calcaire marno-sableux à *P. planosulcatus*, qui, fortement incliné vers le nord, dessine au-dessus de la ville une crête aiguë, désignée sous le nom de *Roche de Cucuron*.

Si du chemin de Vaugines qui traverse Cucuron, on monte vers le Luberon, en passant au pied de l'Ermitage, perché sur une colline de limon rouge, on rencontre toute la partie supérieure du Miocène, formée par les assises suivantes :

1. Marne sableuse foncée à *Pecten solarium*, *P. scabriusculus*, *P. Cavarum*, de petite taille, nombreux Bryozoaires ; visible sur 4 à 5m00
2. Calcaire marno-sableux à *Pecten planosulcatus* (1er banc), *P. scabriusculus* de grande taille, *P. nimius*, *P. subvarius*, etc. 9 à 10,00
3. Marne sableuse ne renfermant que quelques débris de coquilles. 10 à 12,00

(1) C'est ainsi qu'on désigne à Cadenet la colline qui s'élève sur la rive gauche du torrent du Laval au-dessus de Notre-Dame des Anges.

4. Alternances de bancs plus ou moins calcaires, de marnes sableuses et de petits lits de galets ; *Ostrea digitalina*, *Venus islandicoides*. 13m50
5. Calcaire marno-sableux à *Pecten planosulcatus* (2e banc), *Ostrea Boblayei*, nombreux *Pecten* atteignant de fortes dimensions. . 2,00
6. Marne sableuse, foncée, avec intercalations de lits de galets de petite taille ; *Arca Turonica*, c. ; banc d'*Ostrea digitalina*. . . . 4,00
7. Calcaire marno-sableux à *Pecten planosulcatus*. *P. scabriusculus* (3e banc). 0,30
8. Marne grise à *Proto rotifera*. 6,00
9. Marne argileuse, veinée d'hydroxyde de fer; *Eastonia rugosa*. 7 à 8,00
   C'est la partie supérieure des marnes de Cabrières, caractérisées plus à l'est par un banc d'*Ostrea crassissima* intercalé dans les couches à *Eastonia rugosa*.
10. Marne grisâtre et sable fin jaunâtre. . . . . 12 à 14,00

Cette dernière assise, qui ne m'a fourni aucun fossile, sépare les derniers dépôts à faune marine des couches palustres, qui forment un peu plus loin deux monticules ; le premier donne la coupe suivante :

11. Marne grise à *Melanopsis Narzolina*. 10,00
12. Marne à lignite, pétrie de Bythinies *(B. Leberonensis)*, Planorbes, Limnées, c. Les *Helix (H. Christoli)* ne deviennent abondants que dans la partie supérieure.
    Les couches de lignite, peu épaisses, sont au nombre de trois ou quatre et présentent le même faciès que celles qui affleurent au même niveau dans le bassin de Visan et dans le Bas-Dauphiné septentrional. . . . . 5 à 8,00
13. Calcaire blanc à *Helix Christoli ;* nombreuses tubulures, géodes tapissées de cristaux.

Le calcaire blanc devient plus marneux dans le haut et passe au limon rouge, qui constitue le second monticule et dont les dernières couches cimentent les fragments d'une brèche assez épaisse (20 mètres environ), dont l'aspect m'a rappelé celle de Pikermi.

A partir du vallon qui sépare le calcaire à *Helix* du limon rouge, les couches se redressent contre le Luberon, et, en redescendant la pente septentrionale du mamelon de l'Ermitage, on voit réapparaître successivement les marnes et calcaires d'eau douce, les marnes à *Proto rotifera*, souvent cachées par la culture, mais se révélant par de nombreux galets perforés disséminés dans les champs ; puis les calcaires marneux à *Pecten scabriusculus* dont l'épaisseur sur ce point m'a paru très réduite.

Le vallon qui longe la montagne derrière ce premier plan de collines, a été creusé, comme celui de la Georgette, dans les sables marneux peu fossilifères, qui s'étendent au sud de Cucuron et de Vaugines. Ici aussi on voit pointer, comme au nord de la Deboullière, quelques bancs plus compactes, qui présentent de nombreuses empreintes, parmi lesquelles dominent celles d'Acéphalés de petite taille.

Enfin, le chemin de Cucuron à Apt, avant de s'engager dans la gorge étroite et pittoresque qui lui livre passage, entame les sables ferrugineux à *Amphiope perspicillata* et *Ostrea crassissima* (1er niveau), qui ne sont séparés des couches crétacées que par 15 à 20 mètres de sables grisâtres, plus ou moins marneux.

Je n'ai pas pu observer en cet endroit la mollasse à *Pecten præscabriusculus* et Nullipores de la combe de Lourmarin, qui offre d'ailleurs, à quelques centaines de mètres plus à l'est, de très beaux affleurements.

IV. — COUPE DU MONT LUBERON A VILLELAURE PAR LES RAVINS DU CANAUC ET DU VABRE

Pl. III, fig. 4.

Ainsi que je viens de le faire remarquer, la mollasse à Nullipores, qui n'est pas visible à l'entrée de la gorge suivie par le chemin d'Apt, apparaît très nettement plus à l'est, sur les bords escarpés du torrent du Canauc. Elle repose sur un lambeau fort intéressant des sables et argiles bigarrés, dont voici la coupe :

Calcaire néocomien.

a. Sable siliceux blanc, veiné d'argile blanche et ocreuse. 800
b. Argile ocreuse, de teinte claire, veinée de blanc. . . . . 8 à 10,00
c. Sable argilo-siliceux, blanchâtre, renfermant de gros blocs d'un grès calcédonieux, à cassure brillante, d'un rouge vineux très vif, parsemé par places de veines et de taches d'un blanc mat. Ces blocs sont régulièrement alignés et formaient peut-être une couche continue. . . . . 10 à 12,00
d. Sable argilo-siliceux, gris jaunâtre. . . . . 4 à 5,00

Ces sables et argiles supportent la mollasse à *Pecten præscabriusculus*, débutant ici, comme dans tout le bassin du Rhône, par des lits de galets de silex à surface verdâtre, et caractérisée par une abondance extraordinaire de Nullipores. Les *Pecten* sont aussi très nombreux, mais à l'état fragmentaire et par conséquent assez difficiles à déterminer ; on y reconnaît cependant les *P. præscabriusculus* et *P. latissimus*, si constants à ce niveau, ainsi que de nombreux Bryozoaires, des Polypiers, etc.

En suivant la ligne de contact des formations crétacée et tertiaire, on peut étudier quelques affleurements isolés de la mollasse à Nullipores, des sables verdâtres et du conglomérat que j'ai signalés à l'entrée de la gorge de Lourmarin ; mais ils sont le plus souvent couverts d'une masse d'alluvions ou plutôt d'éboulis, atteignant parfois, au pied même des pentes néocomiennes, l'épaisseur de 15 à 20 mètres. Aussi, pour reconnaître la série complète des assises miocènes, faut-il explorer tous les ravins qui sillonnent les contreforts du Luberon entre Cucuron et Cabrières.

L'un des plus favorables aux observations stratigraphiques est le ravin du Vabre, qui se dirige en droite ligne vers le sud jusqu'à Ansouis, où son mince filet d'eau se réunit aux ruisseaux des Clots et du Reynard pour former le Marderie (1), qui se jette dans la Durance entre Cadenet et Villelaure.

A l'altitude approximative de 580 mètres, le Vabre coupe la mollasse à Nullipores, presque verticale, contre laquelle s'appuie, avec une inclinaison notablement moindre, la masse puissante des sables caractérisés dans leurs couches inférieures par les *Amphiope perspicillata*, *Ostrea crassissima*, *Pecten Fuchsi*, var. ?, etc.

Plus bas, vers 470 mètres d'altitude, des bancs gréso-calcaires, pétris de *Pecten* de petite taille du groupe du *P. scabriusculus*, supportent les marnes grises à *Proto rotifera* et *Ancillaria glandiformis*, moins inclinées encore que les assises subordonnées ; puis, en continuant vers le sud, on ne tarde pas à reconnaître sur les flancs du ravin les marnes et sables sans fossiles ?, les marnes et calcaires à lignite et *Helix Christoli*, enfin le limon rouge, dont les strates, de moins en moins inclinées, deviennent à peu près horizontales vers le chemin de Cucuron à Cabrières, où passe la ligne synclinale de cette cuvette miocène.

Au delà, les mêmes couches se redressent de plus en plus en sens contraire, jusqu'à la route de Grambois, au nord de laquelle on peut facilement se rendre compte de l'énorme développement des marnes sableuses noirâtres subordonnées aux couches à *Pecten planosulcatus*, et qui certainement dépassent ici 200 mètres. Les fossiles y sont très rares ; je ne puis citer de ce niveau que des valves de petite taille d'un *Pecten* du groupe du *P. Fuchsi*.

Entre la route de Grambois et Ansouis, le Vabre traverse les sables et grès à *Amphiope perspicillata* et *Ostrea crassissima*, qui constituent une série de buttes (Tronc, Sarlin, etc.),

(1) Dans toute la Provence, dans le Comtat et jusqu'à Valence au moins, ce nom malsonnant est aussi communément employé pour désigner de petits cours d'eau, que ceux de *naat* dans les Alpes et de *gave* dans les Pyrénées pour désigner les torrents.

aussi caractéristiques de cette formation que les fossiles qu'on y rencontre. Les strates en sont d'abord faiblement inclinées vers le nord, mais un peu en amont du mamelon qui porte le village et le beau château d'Ansouis, elles plongent de nouveau et assez fortement vers le sud.

Cette nouvelle direction, qui est la direction normale, localement modifiée par l'ondulation crétacée de la Deboullière, met en évidence sur la rive gauche du Reynard, au pied même de la butte d'Ansouis, une marne sableuse foncée, au-dessus de laquelle, en gravissant *les Patis*, versant septentrional de la colline de Villelaure, on peut relever la coupe suivante :

a. Calcaire mollassique blanchâtre, jaunâtre dans le haut, pétri de débris de coquilles et de valves de Balanes. . . . . 15 à 20^{m}00

b. Calcaire marno-sableux ferrugineux : *Turritella bicarinata*, *Pecten scabriusculus* et *P. Cavarum* de petite taille, nombreux moules de Corbules. 4 à 5,00

c. Sable marneux jaunâtre, devenant de plus en plus grossier et ferrugineux ; débris d'Huîtres et de Peignes de petite taille. . . . 6 à 8,00

d. Calcaire marno-sableux micacé : *Ostrea Boblayei*, empreintes de *Solen*, de Corbules, etc. 1,50

e. Calcaire marno-sableux micacé : *Pecten planosulcatus*, *P. subvarius*, *P. scabriusculus*, *Echinolampas* cf. *E. hemisphæricus*. . 8 à 10,00
La plupart des espèces atteignent des dimensions exceptionnelles.

Les couches superposées à cette dernière assise, qui représente la roche de Cucuron, sont recouvertes par d'épais éboulis ; elles se révèlent cependant par des débris qui permettent de constater la présence, au-dessus des marnes à *Proto rotifera*, des marnes et calcaire blanc à *Helix Christoli*. Ce dernier, qui affleure ici à près de 300 mètres d'altitude, se retrouve à 250 mètres au-dessus du village de Villelaure, sur le versant méridional de cette même colline, dont le sommet, comme celui des îlots du Castelar, de Cadenet, est constitué par le limon rouge et par les alluvions à cailloux impressionnés.

V. — COUPE DU MONT LUBERON A L'ÉTANG DE LA BONDE PAR CABRIÈRES-D'AIGUES

Pl. III, fig. 5.

Les coupes qui précèdent suffiraient amplement à faire connaître les divers dépôts tertiaires qui affleurent entre le Luberon et la Durance. Je crois cependant devoir y joindre celle des environs immédiats de Cabrières-d'Aigues, à cause de la notoriété acquise à ce gisement, qui est sans contredit un des meilleurs types du Miocène supérieur dans le bassin du Rhône.

Lorsqu'on se rend de Cucuron à Cabrières, on aperçoit au nord-est de ce dernier village un immense talus sablonneux, sorte de digue respectée par les torrents de la montagne, qui s'étend perpendiculairement au Luberon sur une longueur d'au moins 7 à 800 mètres. Si on le remonte jusqu'à son extrémité, on voit que les couches inférieures de la masse qui le constitue sont fortement redressées contre un calcaire mollassique, ferrugineux, à *Ostrea crassissima*, *Pecten* cf. *P. præscabriusculus*, Panopées, superposé lui-même à une lumachelle grisâtre, compacte, très dure, avec conglomérat à la base.

Les sables qui reposent sur la mollasse à *Pecten* cf. *P. præscabriusculus* sont marneux, jaune verdâtre et fort peu fossilifères. On remarque, dans la masse presque entière, des débris de Peignes de petite taille, et quelques couches un peu moins pauvres m'ont fourni les *Ostrea caudata*, *Pecten substriatus*, *Scutella Paulensis*, ainsi que des dents de *Lamna* et de *Myliobates* en assez grande abondance. L'épaisseur de cette formation est considérable, mais difficile à évaluer; elle m'a paru dépasser 200 mètres.

Les couches superposées à ces sables, qui constituent la

zone moyenne du miocène marin du plateau de Cucuron, viennent, par suite d'une cassure très-nette, butter contre eux avec une inclinaison très faible. Ce sont des marnes sableuses grises, où l'on rencontre plusieurs bancs d'*Ostrea digitalina*, ainsi que d'assez nombreux *Pecten*, le plus souvent en mauvais état. Ces marnes, qui deviennent jaunâtres dans le haut, supportent l'ensemble des couches caractérisées par les *P. scabriusculus*, *P. Cavarum*, *P. planosulcatus*, qui comprennent ici, à la base, un banc de calcaire marneux pétri de *Turritella bicarinata*. Le *Pecten Cavarum*, qui occupe un niveau un peu supérieur, est remarquable sur ce point par les dimensions qu'il acquiert et par la sallie des cinq côtes principales de la valve gauche.

La Roche de Cabrières forme un plateau presque horizontal, qui disparaît sous les marnes à *Ancillaria glandiformis* près du chemin de Cucuron ; à partir de là, on peut reconnaître la série normale des formations continentales à *Melanopsis Narzolina*, à *Helix Christoli* et à *Hipparion gracile*.

Les strates continuent à plonger vers le sud, mais sous un angle de plus en plus faible, jusqu'à la route de Pertuis, au delà de laquelle on les voit se redresser vivement en sens contraire et border d'une falaise abrupte la rive septentrionale du gracieux étang de la Bonde. C'est le prolongement de *la Roche* qui, dans les coupes précédentes, domine Cucuron et Vaugines, et va se souder à la chaîne du Luberon entre ce dernier village et Lourmarin.

VI. — COUPE DE SAINT-CHRISTOPHE (BOUCHES-DU-RHONE)

Les gigantesques travaux entrepris pour agrandir et améliorer le bassin d'épuration où séjournent les eaux de la Durance avant de se rendre à Marseille, m'ont permis de découvrir un gisement d'un grand intérêt pour les études que je poursuis dans le bassin du Rhône.

Au pied de la butte calcaire qui se dresse en face du pittoresque hémicycle de collines encadrant l'immense réservoir de Saint-Christophe, on a établi, pour le service des chantiers, un chemin qui, tout près de sa jonction avec la route de Rognes, passe sur un lambeau de marnes plaqué contre la craie. A première vue, je fus frappé de l'analogie de ce dépôt (*a*, fig. 2) avec certain faciès des marnes messiniennes du bassin de Visan, de l'Ardèche, de la Drôme, etc.

Ce sont des marnes argileuses grises et jaunes, alternant par bancs de 0^m10 à 0^m20, cloisonnées de filets plus clairs et renfermant des nodules blanchâtres provenant peut-être de l'altération de galets calcaires. J'eus assez de peine à trouver quelque fossile qui vînt confirmer le rapprochement que

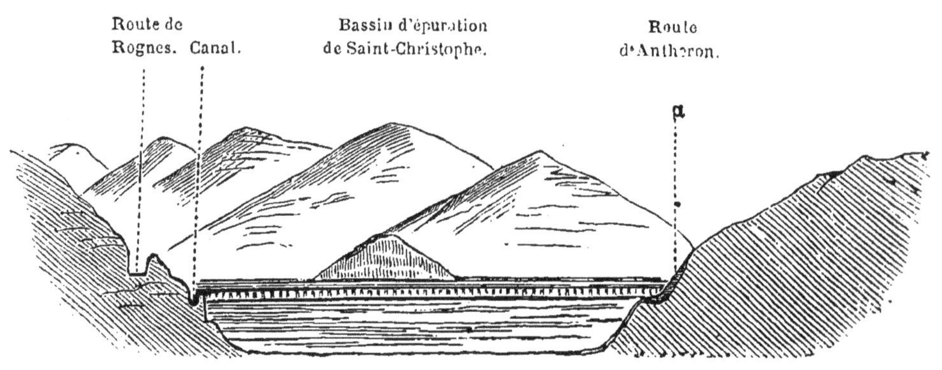

Fig. 2.

me suggérait l'aspect pétrologique du gisement ; je parvins cependant à recueillir plusieurs fragments du *Turritella subangulata* et quelques valves du *Corbula gibba*.

C'est peu, mais cela suffit, je crois ; car, si le *Corbula gibba* est peu caractéristique, même en ne considérant que le bassin du Rhône, c'est bien cependant dans les marnes du groupe de Saint Ariès qu'il se trouve le plus communément et le plus constamment. Quant au *Turritella subangu-*

lata, je ne le connais encore que des dépôts messiniens (*sec.* Mayer), où il accompagne soit le *Cerithium vulgatum* (marnes et faluns de Saint-Ariès), soit le *Pecten Comitatus* (argile de Bouchet). Ce n'est pas, d'ailleurs, la première fois qu'un gisement appartenant incontestablement à ce groupe néogène ne m'offre guère, pour toute faune, que le *Turritella subangulata ;* mais il est ordinairement très abondant et souvent accompagné d'un oursin, toujours en mauvais état, que je rapporte provisoirement au *Schizaster* des marnes pliocènes du Roussillon (*S. Scillæ*, Desor?).

Les marnes à Turritelles de Saint-Christophe sont sensiblement inclinées vers le sud ; elles m'ont paru se relier à d'autres dépôts qui affleurent à quelques centaines de mètres de là.

Au-dessus du hameau de Barcot, situé à l'extrémité du pont de la Durance et transformé, depuis la reprise des travaux, en une vaste cité ouvrière, la route de Rognes coupe une argile grise, dure, compacte, nettement stratifiée, et dont les bancs sont séparés par de petits lits de sable jaunâtre. Celui-ci forme, dans le haut, des couches plus épaisses, qui alternent assez régulièrement avec l'argile. Sur les joints sableux de la partie inférieure, j'ai observé de nombreux débris végétaux. Les couches plongent vers le sud et ont été manifestement entamées, érodées par les alluvions qui les ont recouvertes d'un épais cailloutis.

Je n'ai pas réussi à y trouver le moindre fossile, mais tous les caractères que je viens de signaler rappellent les formations saumâtres ou d'eau douce superposées dans plusieurs gisements du bassin de Visan aux couches à *Cerithium vulgatum*. Je ne fais cependant ce rapprochement que sous toutes réserves et en attendant que de nouvelles recherches m'aient procuré des éléments d'appréciation moins problématiques.

RÉSUMÉ

Je n'ai pas jugé à propos de présenter à la suite de chacune des coupes qui précèdent le résumé des faits stratigraphiques qu'elles mettent en évidence ; c'eût été surcharger cette étude de redites inutiles. Mais, avant de décrire et de classer les dépôts qu'elles rencontrent, il est indispensable d'indiquer la succession des diverses assises, telle qu'elle ressort des observations que je viens d'exposer. La voici dans l'ordre ascendant :

Néocomien.—Mont Luberon, la Deboullière (Vaucluse), Saint-Christophe (Bouches-du-Rhône).			
Sables et argiles bigarrés, avec intercalations de grès calcédonieux. — Les flancs du Luberon. . . .	30	à	40[m]
Conglomérat à galets de silex à surface verdâtre. — Gorge de Lourmarin.	10	—	15
Mollasse sableuse. — Gorge de Lourmarin	35	—	45
Conglomérat bréchiforme à gros éléments calcaires. — Gorge de Lourmarin, ravin du Canauc. . . .	2	—	4
Mollasse calcaire, compacte, à Nullipores : *Pecten præscabriusculus*, *Cidaris Avenionensis*. — Gorge de Lourmarin, ravin du Canauc, Cadenet.	60	—	70
Mollasse calcaire, ferrugineuse, à *Pecten subbenedictus*, *Ostrea crassissima ?* — Cabrières-d'Aigues. . .	1	—	2
Marne sableuse, jaunâtre, à dents et ossements de Poissons. — Le Roure, Cabrières.	15	—	20
Sable marneux plus ou moins grossier, à *Amphiope perspicillata*, *Ostrea crassissima*. — Le Roure, La Deboullière, Grange Ripert, Sorlin.	15	—	25
Grès calcaire, grès à *Cardium*, *Turritella bicarinata*.— La Deboullière, Grange-Ripert.	2	—	8
Marne sableuse, noirâtre ou jaunâtre, à *Pecten Fuchsi*,			

var.? — Lourmarin, la Deboullière, Cucuron, le Vabre, Ansouis, Cabrières.	150 à 200 m
Marne sableuse, alternant avec une luchamelle marno-calcaire; *Pecten Fuchsi*, var.? Corbules (cc), Scutelles. — Lourmarin, Vaugines, Ansouis. . . .	15 — 20
Calcaire marno-sableux, à *Pecten planosulcatus*, *P. scabriusculus*, *Cardita Jouanneti*, alternant avec des couches de marne caillouteuse à *Venus islandicoïdes*, *Tellina lacunosa*, et des bancs d'*Ostrea digitalina*. — Cadenet, Cucuron, Cabrières, Villelaure, le Castelar.	30 — 40
Marne grise à *Ancillaria glandiformis*, *Proto rotifera*, *Rotella subsuturalis*, *Cardita Jouanneti*. — Cadenet, Cucuron, Cabrières, le Castelar. . . . . Marne grise à *Ostrea crassissima* (2e niveau), *Eastonia rugosa*. — Mêmes localités.	10 — 12
Marne et sable sans fossiles (?) — Cucuron, Cadenet, Cabrières.	8 — 10
Marne à lignite et *Melanopsis Narzolina*. — Cucuron. Calcaire marneux à *Helix Christoli*. — Cucuron, Cabrières, Villelaure, le Castelar, Cadenet. . . .	40 — 50
Limon rougeâtre à *Hipparion gracile*. — Cucuron, Cabrières, etc. Épaisseur maximum. . . . . ?	50 — 55

En stratification discordante avec les assises precédentes :

Argile grise à *Turritella subangulata*, *Corbula gibba*. — Saint-Christoph.e . . . . Visible sur	4 — 5
Argile marno-sableuse à empreintes végétales. . ?	15 — 20

Si on additionne les épaisseurs que je viens d'indiquer, on obtient le total approximatif de 5 à 600 mètres pour toutes les assises tertiaires qui s'étendent à la base du versant méridional du Luberon, ce qui, bien entendu, ne saurait signifier que, sur aucun point, on puisse observer, ou même supposer avec raison, un développement aussi considérable ; car il est manifeste que certaines assises n'atteignent souvent leur maximum d'épaisseur qu'au détriment de celles entre lesquelles elles sont comprises. C'est d'ailleurs ce que j'ai pu constater déjà dans le bassin de Visan, où le développement de la mollasse à *Pecten præscabriusculus* est soumis à de notables variations.

II

Description et classification des terrains

Dans une étude récente sur les terrains tertiaires du bassin du Rhône, j'ai donné une classification des formations néogènes du Comtat, qui peut être considérée comme typique et servir d'échelle stratigraphique pour toute la région du Sud-Est. Je la reproduis ici, en mettant en regard des différentes zones que j'ai distinguées, les couches qui, suivant moi, les représentent dans la vallée de la Durance. Il est évident que la plupart des assises étant des dépôts de rivage ou de mer peu profonde, les caractères en sont trop variables pour que la concordance puisse être établie pour tous les termes de la série. Je crois cependant que les points de repère sont assez nombreux pour que les parallélismes indiqués ici présentent des garanties suffisantes. C'est d'ailleurs ce que je m'efforcerai de démontrer, en mettant en évidence pour chaque assise les analogies sur lesquelles a été basée la classification ci-après.

Sables et Argiles bigarrés (1)

Le principal intérêt du gisement du Canauc réside dans la présence de blocs d'un grès rouge, le plus souvent parsemé de taches ou de veines d'un blanc mat, qui sont alignés comme s'ils étaient les débris d'un banc régulier, fragmenté par suite d'altérations ou par le fait d'une précipitation irrégulière de la silice agglutinante. Quoi qu'il en soit, il m'a paru certain que ce grès fait partie intégrante de la formation argilo-siliceuse au milieu de laquelle il se trouve, — en d'autres termes, qu'il n'est nullement erratique.

Dans l'espoir qu'une étude minutieuse de la nature de cette roche pourrait fournir quelque éclaircissement sur l'origine, aujourd'hui discutée, des sables et argiles bigarrés, j'en ai remis plusieurs fragments à M. Michel Lévy. Voici le résultat de l'examen microscopique auquel notre savant confrère a bien voulu les soumettre :

« Au microscope, les divers échantillons se comportent à peu près de même : ce sont des grès à grains quartzeux, récimentés généralement par de la belle calcédoine (mélange de silice colloïde et cristalisée), par place, par de l'opale hyalitique (silice coloïde sous forme de sphérolithes à zones concentriques.)

Dans le grès à cassure conchoïde brillante (comme les ladères), la calcédoine domine à l'exclusion de l'opale.

« Les grains de quartz sont roulés, parfois brisés ; leurs inclusions caractéristiques à liquide aqueux, avec bulles mobiles, sont parfois à contours polyédriques. J'inclinerai à penser qu'ils proviennent, de la démolition de la granulite.

« Ce qui confirmerait cette hypothèse, c'est qu'on voit

(1) Bien que cette formation soit tout à fait indépendante des terrains qui font l'objet de cette étude, je crois devoir intercaler ici les observations que j'ai recueillies sur ces dépots, dont l'âge et l'origine sont loin d'être définitivement établis.

quelques très rares débris d'une substance brunâtre, fortement polychroïque dans les tons bruns, et sans trace de clivages; ce doit être de la tourmaline, minéral fréquent dans la granulite et qui résiste bien, comme le quartz, aux causes de démolition qui ont altéré les autres éléments.

« Autour de chaque grain de quartz ou de tourmaline, on voit une couronne estompée d'hématite rouge qui explique la coloration de la roche; puis le ciment calcédonieux est incolore et limpide. »

Les sables et argiles bigarrés n'ont pas encore été signalés sur le versant méridional du Luberon, où ils n'existent sans doute qu'à l'état de lambeaux difficiles à reconnaître au milieu des éboulis de la montagne. Le gisement du Canauc, d'un abord relativement facile, n'en est donc que plus intéressant. Ses caractères sont, d'ailleurs, les mêmes que ceux des sables argilo-siliceux de Sc. Gras, qui se retrouvent identiques sur un grand nombre de points de la Provence, du Comtat, du Dauphiné (1). Ils se rattachent en outre, très-probablement, aux sables et argiles bigarrés du Gard, placés par Émilien Dumas à la base de son étage *uzégien*, aux formations de même nature signalées par M. Fabre dans la Lozère et par M. Potier dans les Alpes-Maritimes, pour ne citer que quelques gisements du Midi de la France; car il est à présumer, d'après les travaux de nombreux géologues suisses, italiens, autrichiens, que des dépôts analogues existent dans la plus grande partie du bassin méditerranéen.

On sait que Sc. Gras a attribué à ces sables et argiles une origine éruptive ou geysérienne, hypothèse admise par M. Ch. Lory dans son savant ouvrage sur le Dauphiné, et depuis par un grand nombre d'auteurs.

(1) Des blocs d'un grès semblable à celui du Canauc se rencontrent en abondance dans le bassin de Visan, principalement dans les environs de Saint-Paul-Trois-Châteaux et de Chantemerle, où ils sont souvent accompagnés de fragments d'une brèche à éléments siliceux cimentés par de la silice gélatineuse.

Je n'entrerai pas ici dans de plus amples détails au sujet de cette formation, qui ne se rattache que très indirectement aux terrains qui doivent faire l'objet de la présente étude. Elle a été d'ailleurs trop exactement décrite et classée par MM. Gras et Lory, et le bassin de Cucuron n'apporte qu'un trop faible contingent aux notions que nous possédons déjà pour que je ne me borne pas à renvoyer, en ce qui concerne ces dépôts, aux travaux de mes prédécesseurs, analysés et discutés dans mes études antérieures.

Mollasse à *pecten Præscabriusculus*

Sur le versant septentrional du mont Luberon, les sables et argiles bigarrés sont surmontés de marnes et calcaires sextiens à *Smerdis*, *Potamides*, empreintes végétales, etc. Ces dépôts lacustres ou saumâtres, qui semblent avoir rempli des bassins isolés, le plus souvent d'une étendue assez restreinte, manquent, je crois, dans les environs immédiats de Cucuron, mais reparaissent plus à l'est, d'après Sc. Gras, autour de Grambois.

Sans vouloir insister sur un rapprochement que la paléontologie ne peut encore confirmer, je ferai remarquer que le calcaire d'eau douce de Montélimar, de Salles (Drôme), considéré généralement comme plus récent, présente des localisations analogues. La coupe du vallon des Escharavelles (2) est, à ce point de vue, particulièrement instructive, en ce qu'elle montre le calcaire d'eau douce bien développé sur la berge occidentale, où il forme le plateau de la Garde-Adhémar, et manquant absolument sur la berge orientale, où la mollassse marine repose directement sur les sables et argiles bigarrés. Il en est à peu près de même sur le versant méridional du Luberon.

(2) *Le bassin de Visan*, pl. VI.

Les premières assises qu'on observe, près de Cucuron, au-dessus des dépôts argilo-siliceux, appartiennent à la zone-inférieure du Miocène marin, à la Mollasse à *Pecten præscabriusculus*. Attribuées au grès vert sur la carte de Sc. Gras, elles ont été maintenues à ce niveau dans la *Description géologique du département de Vaucluse*, mais avec une hésitation dont on doit tenir compte à l'auteur.

Cette erreur est d'autant plus regrettable qu'elle a été, jusqu'à ce jour, la source de confusions fâcheuses dans les rapprochements qu'on a établis entre les stations typiques de la mollasse dans le Dauphiné et certains gisements de la Provence, et je puis d'autant moins me l'expliquer, que les couches à *P. præscabriusculus* se présentent ici avec des caractères qui ne laissent aucun doute sur leur identité.

A la base, on constate aisément la présence de plusieurs lits de galets gris ou blonds, à surface verdâtre ; or je ne connais pas un point du bassin du Rhône, depuis le Jura jusqu'à la Méditerranée, où l'on ne trouve ce poudingue ou conglomérat à la base du Miocène marin, aussi bien contre les flancs des montagnes encaissantes qu'au centre des cuvettes formées par les soulèvements, lorsque celles-ci sont à leur tour disloquées.

Au-dessus s'étendent des sables marneux verdâtres, où je n'ai recueilli aucun fossile, mais qui représentent probablement la base de la mollasse sableuse à *Scutella Paulensis* du Dauphiné. J'ai dit ailleurs, en effet, que cette formation comprenait deux assises assez distinctes : la première composée de sables plus ou moins grossiers, caractérisés par les *Pecten Davidi*, *P. Justianus*, *P. pavonaceus* ; la seconde constituée par un sable plus marneux, presque toujours pétri de Nullipores et renfermant le plus souvent les *Scutella Paulensis* et *Pecten præscabriusculus* en très grande abondance. Cette dernière assise passe à la mollasse marneuse à *Pecten subbenedictus*.

Les sables à *P. Davidi*, si bien développés sur la colline de Saint-Paul-Trois-Châteaux, font souvent défaut. Dans un récent mémoire (1), j'ai donné une coupe passant par le village de Barry et par Suze-la-Rousse, qui montre les bancs à Nullipores reposant directement sur la craie. Ailleurs, et c'est précisément le cas sur toute la lisière des formations secondaires subalpines, ils sont représentés par un sable fin, marneux, verdâtre, pauvre en fossiles, absolument analogue à celui qui affleure dans la gorge de Lourmarin. Ce dépôt, qui a été parfois désigné sous le nom de *Sables à Anomies*, est généralement subordonné, dans le Dauphiné, à un banc marno-calcaire, pétri de *Pecten præscabriusculus* ou de *P. subbenedictus*, qui viennent brusquement pulluler au milieu de ces sables presque dépourvus jusque-là de débris organiques.

Les sables verdâtres de la gorge de Lourmarin supportent un conglomérat bréchoïde, dont les éléments, souvent de forte taille, sont entremêlés dans un désordre véritablement chaotique; la plupart sont à peine roulés et paraissent être des blocs éboulés d'une falaise voisine. La grande majorité d'entre eux est calcaire et s'est détachée sans doute du Néocomien du mont Luberon, caractère qui distingue nettement ce dépôt des lits de silex verdâtre subordonnés à la mollasse sableuse et qui ne renferment qu'un petit nombre de galets calcaires.

Ce second conglomérat est loin d'être aussi constant dans le Sud-Est que le premier. Je l'ai cependant observé sur plusieurs points, entre autres sur le bord septentrional du bassin tertiaire de Visan. Dans les environs du Pègue, par exemple, la base de la mollasse présente avec celle de la combe de Lourmarin une telle analogie de composition, de faciès, qu'il me paraît difficile de mettre en doute le niveau stratigraphique que, malgré l'absence de toute donnée paléontologique, je crois devoir assigner à ces dépôts.

(1) *Le bassin de Visan*, p. 27, fig. 2.

L'assise puissante qui se développe au-dessus de ce dernier conglomérat local, avec lequel elle est d'ailleurs intimement liée, est celle dont les caractères pétrographiques s'éloignent le plus de ceux qu'on est habitué à observer à ce niveau. On est tenté de croire à quelque effet de métamorphisme, tant la roche a acquis de cohésion, de dureté, et c'est probablement à ce faciès, un peu exceptionnel, j'en conviens, qu'est dû le classement de cette assise dans le grès vert.

Je ne reviendrai pas sur la description que j'en ai donnée en analysant la coupe de Lourmarin. Les fossiles, très abondants, surtout à la partie supérieure, sont généralement brisés en menus fragments, et forment avec la gangue une masse absolument compacte. Cependant, plus à l'est, au-dessus des sables argilo-siliceux du Canauc, la roche devient beaucoup moins dure, plus marneuse, et fournit quelques exemplaires plus facilement déterminables; ils appartiennent aux espèces suivantes:

Balanus tintinnabulum, Linné. — Détermination basée sur quelques valves et partant un peu empirique.

Ostrea sp. ? — Un fragment indéterminable.

Anomia costata, Brocchi. — *A. ephippium*, Linné, var., pour plusieurs auteurs (Mayer, etc.).

Pecten præscabriusculus, Fontannes. — C'est le *P. scabriusculus* de tous les auteurs qui ont traité des terrains tertiaires du Sud-Est, les gisements de Cucuron et de Cadenet exceptés.

Pecten latissimus, Brocchi. — Bien qu'il soit assez surprenant de trouver un type subapennin à la base du miocène marin, je crois cependant qu'il serait dificile d'établir une distinction sur des divergences de quelque valeur. Cette forme, d'ailleurs, qu'elle soit typique ou ne représente qu'une variété de l'espèce de Brocchi, est citée d'un grand nombre de gisements miocènes.

Cidaris Avenionensis, des Moulins. — Les baguettes de cet Oursin paraissent très-communes dans le grès mollassique de la gorge de

Lourmarin, dont les cassures fraîches présentent parfois un aspect semblable à celui du calcaire à entroques. Le *C. Avenionensis*, dont le type a été pris dans la mollasse des Angles, près d'Avignon, est une des espèces les plus constantes à ce niveau dans tout le Sud-Est.

Echinolampas scutiformis, Leske? — Fragments assez nombreux, mais très frustes. Je n'ai trouvé qu'un seul exemplaire entier, est encore est-il déformé. Espèce commune à la base de la mollasse dans tout le bassin du Rhône.

Bryozoaires. — Très abondants. Le plus caractéristique est un Nullipore dont les colonies, atteignant souvent d'assez grandes dimensions, forment des bancs épais et justifient la dénomination de *Mollasse à Nullipores* que j'ai parfois donnée à cet horizon. On sait que les Nullipores caractérisent aussi par leur extrême abondance certains niveaux du miocène en Italie et en Autriche.

Cette liste ne contient à la vérité qu'un bien petit nombre d'espèces ; je crois cependant qu'elle vient utilement corroborer les données de la stratigraphie, et qu'elle permet de considérer définitivement le grès vert de M. Sc. Gras comme représentant, sur le plateau de Cucuron, la Mollasse à *Pecten præscabriusculus* du Comtat, du Dauphiné, du Bugey, etc.

Les affleurements du versant méridional du Luberon se relient au nord à la mollasse de Bonnieux, superposée au calcaire sextien, et qui, de même que la mollasse typique du bassin de Visan, peut se subdiviser en trois assises : 1° la mollasse sableuse, dans laquelle a été creusé le ravin que domine le village ; 2° la mollasse marneuse, exploitée pour les fours sur la route de Lourmarin ; 3° la mollasse calcaire, qui recouvre le plateau de Bonnieux.

Au sud, cette même mollasse forme plusieurs monticules autour de Rognes (Bouches-du-Rhône), où elle est largement exploitée. Là aussi elle repose parfois sur des dépôts rougeâtres ou violacés, sans intercalation du calcaire blanc à *Helix* ou à *Potamides*.

Sables et grès à *Ostrea crassissima* (1er niveau)

Au-dessus de la mollasse à *Pecten præscabriusculus*, on observe dans le Haut-Comtat des alternances de sables fins plus ou moins marneux et de grès calcaires, caractérisés dans leur ensemble par l'apparition de l'*Ostrea crassissima*. Bien que cette zone se distingue nettement de la précédente dans cette région, ainsi que dans une partie du Dauphiné, je crois qu'au double point de vue paléontologique et orographique, elle lui est liée par des affinités telles, que dans un travail embrassant un cadre moins restreint que ces monographies, on serait autorisé à la réunir à la Mollasse à *Pecten præscabriusculus*.

Cette opinion s'appuie surtout sur la liaison intime que présentent ces deux zones sur le flanc des montagnes qui les ont redressées. Il n'est donc pas étonnant que leur distinction offre quelques difficultés, au milieu des éboulis épais qui recouvrent le plus souvent les couches miocènes adossées au Luberon. Je crois cependant qu'on peut rapporter aux sables et grès à *Ostrea crassissima* les couches marno-calcaires ferrugineuses, immédiatement subordonnées aux sables à *Pecten Fuchsi*, var., dans la coupe de Cabrières. J'y ai recueilli en effet des fragments d'une Huître de grande taille *(O. crassissima?)*, de Peignes, de Panopées, de Bryozoaires, etc., le tout malheureusement en si mauvais état que je ne puis citer aucune espèce avec certitude. Il se pourrait donc aussi que cette assise fît encore partie de la Mollasse à *Pecten præscabriusculus*, dont elle représenterait le dernier terme. Mais ce qu'il y a de certain cependant, c'est qu'entre la mollasse calcaire et les sables ferrugineux à Amphiopes, il existe, au pied du Luberon, une zone de sables plus ou moins marneux, qui occupe exactement la même position stratigraphique que les sables et grès marneux à *Ostrea crassissima* dans le Nord du département de Vaucluse.

Sables et grès à *Pecten Fuschi*, var.

A partir de ces dépôts, qui constituent pour moi la zone moyenne du Miocène moyen marin, les assimilations indiquées dans le tableau qui précède reprennent toutes les apparences de certitude qu'elles montraient pour les assises inférieures. En effet, à la base de la zone supérieure, on trouve dans les environs de Cucuron des sables ferrugineux absolument identiques, sous tous les rapports, avec les sables à *Amphiope perspicillata* du Comtat-Venaissin. Voici les fossiles que j'ai recueillis à ce niveau :

Lamna, *Galeocerdo*, *Myliobates*, etc. — Dents et ichtyodorylithes (c). Il est toujours facile de donner des noms spécifiques à ces débris; mais ces déterminations, en l'état de nos connaissances, n'ayant aucune valeur paléontologique, et la stratigraphie pouvant s'appuyer sur des données plus certaines, je me bornerai à constater l'abondance à ce niveau des restes de Lamnidés et surtout de Myliobates, fait qui implique certaines conditions de formation intéressantes à noter.

Balanus tintinnabulum, Linné, et *B. sulcatus*, Bruguière. — On rapporte généralement à l'une ou l'autre de ces deux espèces la plupart des valves de Balanes des terrains néogènes, selon qu'elles sont striées ou non. Je me conforme à l'usage, sans vouloir affirmer, en aucune façon, la fixité de ces deux types depuis le début de l'époque miocène.

Ostrea crassissima, Lamarck. — Ici, comme dans le bassin de Visan, l'*O. crassissima* est très abondant à la base de cette zone, qu'il relie à la précédente ; mais à partir de cet horizon, on ne le trouve plus qu'à l'état sporadique, jusqu'aux dernières couches marines du miocène supérieur, où il forme de nouveau un banc d'une constance remarquable dans le Comtat et la Provence.

Plus au nord, on n'en observe, à la limite supérieure des dépôts miocènes, que de rares spécimens ou des fragments roulés. C'est au niveau des sables à Amphiopes que cette espèce est le plus conforme au type de la Touraine, et particulièrement de Pontlevoy, où elle est aussi associée à de nombreux exemplaires d'une espèce d'Amphiope.

Ostrea cf. *O. Gingensis*, Schlotheim. — Bien qu'il soit le plus souvent assez difficile de distinguer cette espèce de la précédente, je crois cependant pouvoir l'introduire dans la faune miocène du Sud-Est, d'après quelques exemplaires dont le crochet est plus large, moins allongé qu'il ne l'est généralement dans le type de Lamarck, et dont la valve inférieure montre des plis obsolètes. L'*O. Gingensis* accompagne souvent d'ailleurs l'*O. crassissima* (Sud-Ouest, Touraine, Suisse, bassin du Danube, etc.).

Ostrea digitalina, Dubois de Montpéreux *in* Fischer et Tournouër. — Cette espèce se rencontre dans presque tout le miocène du bassin du Rhône ; à la base, elle passe souvent à la forme connue sous le nom d'*O. caudata*, Münster *in* Goldfuss, et commune dans la mollasse à *Pecten præscabriusculus*. Les exemplaires de Cucuron sont identiques, d'après M. Fuchs, avec ceux du bassin du Danube, et quelques-uns ne présentent aucune différence avec l'*O. digitalina* du Sud-Ouest.

Anomia costata, Brocchi *in* Fischer et Tournouër (= *A. ephippium*, Linné *in* Mayer). — La taille est petite à ce niveau ; les côtes sont peu accusées.

Pecten substriatus, d'Orbigny *in* Tournouër (= *P. pusio*, Linné *in* Mayer). — Ce *Pecten* est une des nombreuses espèces qui montrent avec quelle réserve il convient de baser des conclusions sur la comparaison de listes fauniques dressées par divers auteurs. Tous sont d'accord sur la forme ; mais tandis que les partisans du transformisme, désireux de faire ressortir la succession des modifications même les plus minimes, lui donnent un nom d'espèce éteinte, d'autres, croyant à l'origine très ancienne de certains types vivants, la confondent sous une même dénomination avec l'espèce actuelle. Dans mes études antérieures, je l'ai citée sous le nom de *P. pusio,* employé dans tous les ouvrages de M. Mayer ; mais M. Tournouër ayant adopté celui de *P. substria-*

tus dans son dernier travail sur les faluns du Sud-Ouest et de la Touraine, je crois devoir suivre son exemple, afin de faciliter la comparaison des faunes des divers bassins tertiaires de la France. Quel que soit d'ailleurs le nom qu'on lui donne, le type des sables à Amphiopes du bassin du Rhône me paraît identique avec celui de la Touraine.

Pecten Fuchsi, Fontannes, var.? — Le *P. Celestini*, Font., qui caractérise par son abondance toute la zone supérieure du miocène moyen dans le bassin de Visan, est tout au moins très rare dans les environs de Cucuron ; on y rencontre par contre, assez communément, une espèce de petite taille, voisine du *P. Fuchsi*, Font. Cette dernière espèce, dont le type se trouve dans les sables à Amphiopes du Haut-Comtat, a été créée alors que j'ignorais le nom donné récemment à la Janire commune dans les faluns de Pontlevoy, de Bossée, etc. Je crois cependant que certaines différences, signalées ailleurs (1), autorisent le maintien des deux dénominations ; mais ce qu'il y a de certain, c'est que la forme de Cucuron, par le développement des oreillettes, par le nombre des côtes et par la concavité des valves supérieures, se rapproche plus du type de la Touraine que celle du Comtat-Venaissin.

Scutella Paulensis, Agassiz. — Le type a été pris dans la mollasse à Nullipores et *Pecten præscabriusculus* de Saint-Paul Trois-Châteaux, où il est très commun ; c'est son niveau le plus ordinaire dans le Sud-Est ; cependant il monte plus haut, aussi bien dans le Dauphiné que dans la Provence. C'est le cas dans les environs de Cucuron, où on le retrouve encore dans les couches à *Cardita Jouanneti*.

Amphiope perspicillata, Desor. — Cette espèce, qui a toujours passé pour une rareté dans le bassin du Rhône, y est au contraire d'une extrême abondance. Elle forme un banc non moins constant que le *Scutella Paulensis*, dans le Dauphiné, le Comtat et la Provence ; malheureusement la plupart des exemplaires sont réduits en fragments.

Bryozoaires. — Les Bryozoaires (*Cellepora*, *Retepora*, etc.), ordinairement très abondants dans les sables à Amphiopes, y sont au contraire très rares au pied du Luberon.

(1) *Le bassin de Visan*, p. 107.

J'ai recueilli, en outre, à peu près au niveau de l'*Ostrea crassissima*, des moules d'*Helix* charriés sans doute de quelque côte voisine au milieu de ces sables ; il serait fort possible, d'ailleurs, que de minutieuses recherches révélassent sur ce point la présence de l'assise d'eau douce à Hélices et Planorbes que Sc. Gras a signalée dans les environs de Pertuis, au dessus de couches à *Ostrea crassissima*.

J'ajouterai aussi quelques mots à ceux qui suivent la citation de l'*Amphiope perspicillata*. Cette espèce, qui n'a encore joué aucun rôle stratigraphique, est appelée, je crois, à devenir un excellent point de repère. On sait en effet qu'une forme très voisine se rencontre en assez grande abondance à Oisly, près de Pontlevoy, dans des sables marno-quatzeux qui ne renferment guère, en dehors de ce fossile, que l'*Ostrea crassissima* (1). Le faciès paléontologique et pétrographique des couches à Amphiopes est donc à peu près le même dans le bassin de la Loire et dans celui du Rhône. Quant à leur position stratigraphique relativement aux faluns de Pontlevoy, je laisse le soin de la déterminer à M. Douvillé, qui étudie en ce moment l'Orléanais et le Blésois pour le service de la *Carte géologique détaillée de la France* (2). Je me bornerai à dire ici que, dans le Sud-Est, la plus grande partie des espèces du Blésois se rencontre plutôt au-dessus qu'au-dessous des sables à Amphiopes.

De même que sur tous les points du bassin du Rhône où j'ai réussi à retrouver les sables à Amphioques, ceux-ci supportent dans les environs de Cucuron un grès mollassique peu

(1) C'est à l'obligeance de M. Le Mesle que je dois d'avoir pu étudier cet intéressant gisement.

(2) D'après M. Douvillé, qui a bien voulu me faire part de ses observations, les couches à Amphiopes et *Ostrea crassissima* sont superposées au falunien du Blésois et supportent un dépôt d'eau douce (marnes à *Helix Turonensis*), — succession qui rappelle exactement celle que j'ai observée près de Pertuis, et qui vient à l'appui de l'hypothèse que j'ai émise relativement aux conditions de formation de ces bancs d'Huitres de grande taille.

épais, pétri de débris de fossiles. Caractérisée dans le Comtat et le Dauphiné par une Cardite que j'ai cru pouvoir identifier avec le *C. Michaudy* de Tersanne, cette assise présente au pied du Luberon des moules non moins abondants d'un *Cardium* de petite taille, que mes échantillons ne me permettent pas de déterminer spécifiquement. En dehors de ce fossile, je ne puis citer, malgré l'abondance des débris, que le *Turritella bicarinata*, commun, au moins à partir de ce niveau, dans tout le miocène rhodanien.

Dans le nord du département de Vaucluse, j'ai pu indiquer, sous toutes réserves, une douzaine d'espèces de cet horizon, mais l'incertitude de la plupart des déterminations, basées sur des moules ou de rares empreintes, ôte tout intérêt à la reproduction de cette liste dans la présente étude. J'ajouterai seulement que les types les moins douteux appartiennent au niveau des faluns de la Touraine et du Sud-Ouest.

C'est au-dessus du grès à Bucardes, dont j'ai indiqué divers pointements sur les coupes 1, 2 et 3 de la planche III, que se développe cette puissante masse de sables plus ou moins marneux ou argileux, qui, partout dans le bassin du Rhône, est subordonnée aux formations littorales constituant le dernier terme du miocène marin.

J'ai déjà signalé la difficulté qu'on éprouvait à évaluer, avec quelque certitude, l'épaisseur de cette assise, qui sur certains points peut bien dépasser 200 mètres. La localisation des rares fossiles qu'on y trouve, rend au moins aussi difficile la tâche de lui appliquer une désignation également justifiée dans le nord et dans le midi de la vallée du Rhône. J'ai adopté celle de Sables et grès à *Terebratulina calathiscus* pour le Dauphiné et le Comtat, et désigné parfois la partie supérieure sous le nom de Grès à Patelles (*P. Tournouëri*, *P. Delphinensis*, *P. Vindascina*, etc.).

Au midi du Luberon, je n'ai encore pu reconnaître dans

toute l'épaisseur de cette formation que quelques retardataires des faunes précédentes: *Ostrea digitalina*, var., *Pecten Fuchsi*, var., *P. substriatus*, *Arca* cf. *A. Turonica*, *Corbula sp.?* Mais cette liste pourra sans doute s'augmenter de quelques espèces, par l'étude minutieuse des moules et empreintes laissés sur plusieurs bancs coquilliers intercalés dans la masse.

Cette zone présente un remarquable développement dans toute l'étendue du bassin du Rhône, depuis les contreforts du Jura jusqu'aux bords de la Méditerranée, et sa subordination, partout évidente, aux couches à *Ancillaria glandiformis*, *Nassa Michaudi*, *Cardita Jouanneti*, ne peut laisser aucun doute sur la place que je lui assigne dans la série de nos formations miocènes. Elle a été cependant désignée jusqu'à ce jour, dans les travaux où il est fait mention des environs de Cucuron ou de Cadenet, sous le nom de *Mollasse sableuse* et assimilée aux couches caractérisées dans le Comtat par le *Scutella Paulensis*.

Cette erreur tient sans doute à deux causes : la première, c'est qu'au-dessus de cette assise on trouve dans cette région quelques espèces de la mollasse marno-calcaire de Saint-Paul Trois-Châteaux et de Montségur; la seconde réside certainement dans la fausse attribution au grès vert de la véritable mollasse à *Pecten præscabriusculus*, bien distinctement subordonnée, au pied du Luberon, à la zone à *Pecten Fuchsi*.

Marnes et calcaires sableux à *Cardita Jouanneti*

Le grand nombre de types nouveaux qui apparaît au-dessus de la zone précédente, m'a engagé à placer ici la limite entre le Miocène moyen et le Miocène supérieur; mais il faut bien avouer que le plan précis où doit passer cette limite est loin d'être facile à déterminer, et je ne serais nullement surpris qu'elle ne fût un jour plus ou moins judicieusement déplacée. C'est là une de ces questions d'accolades très secondaires à mon avis, et qui, d'ailleurs, ne pourront être utilement abordées que lorsque, dans tous les bassins tertiaires de l'Europe, on se sera livré à des études monographiques minutieuses, analogues à celles que, malgré leur indéniable aridité, je poursuis depuis plusieurs années dans le bassin du Rhône.

La zone caractérisée dans la vallée de la Durance, comme dans le Comtat, par le *Cardita Jouanneti*, se compose de marnes plus ou moins sableuses, alternant avec des bancs d'un calcaire marno-sableux, souvent ferrugineux, rempli de paillettes de mica noir (1). Ces bancs, au nombre de trois, occupent la base de la série, et leur épaisseur diminue graduellement.

A ces variations dans la nature pétrologique du dépôt, correspondent naturellement des modifications sensibles dans la faune qu'on y rencontre. Tandis que les Huîtres, les Anomies, les Peignes et quelques Dimyaires dominent dans les couches calcaires et y atteignent un remarquable développement individuel et numérique, les couches marneuses se chargent peu à peu de Gastéropodes, jusqu'à ce que ceux-ci parviennent à leur maximum d'abondance dans les Marnes à *Ancillaria glandiformis*, dites *Marnes de Cabrières*.

En jetant un coup d'œil sur l'échelle stratigraphique du bassin de Visan, le meilleur type qu'on puisse consulter pour la classification des terrains tertiaires supérieurs de la vallée du Rhône, et en se reportant à la coupe des environs de Cucuron résumée p. 35, on voit de suite que la zone à *Cardita*

(1) L'abondance du mica noir à ce niveau est intéressante à noter, en ce qu'elle peut fournir quelque indication sur la nature des roches au détriment desquelles ces dépôts ont été formés. Dans la zone précédente, certaines couches sableuses contiennent aussi beaucoup de mica, mais il est presque exclusivement blanc.

Jouanneti peut se diviser en trois assises, l'assise moyenne, qui ne saurait se prêter ici à une subdivision, comprenant tous les sables marneux à *Ancillaria glandiformis* et *Rotella subsuturalis* du Comtat.

A la base, les couches calcaires à *Pecten planosulcatus*, désignées jusqu'ici sous le nom de *Mollasse de Cucuron*, représentent, sans aucun doute, mais avec un développement plus considérable, le calcaire marno-sableux des environs de Visan, également chargé de mica noir, et caractérisé par le *Pecten Vindascinus*, Font. Mais le passage de la zone précédente à celle-ci se fait moins brusquement dans la vallée de la Durance, et sous le premier banc à *P. planosulcatus* on trouve généralement une marne sableuse où commencent à apparaître quelques-uns des types du Miocène supérieur.

En groupant les espèces recueillies dans les trois bancs mollassiques à *P. planosulcatus*, on peut reconstituer la faune suivante (1) :

Serpula sp.?
Balanus tintinnabulum, LINNÉ.
Ficula clathrata, LAMARCK, var. *Cabrierensis*, FONT.
Nassa Ayguesii, FONT.
Conus canaliculatus, BROCCHI.
— cf. *C. Mercatii*, BROCCHI.
Pleurotoma calcarata, GRATELOUP.
Voluta Fischeri, FONT. (2)— Espèce du groupe et de la taille du *V. Lamberti*, dont elle se distingue par un dernier tour moins déprimé en avant, par une ouverture plus large, par une sensible atténuation des plis de la columelle, qui est moins concave. Long. 130^{mm}; lat., 56^{mm}. La place me manquant pour le faire

(1) J'ai marqué d'un astérisque les espèces déjà citées, dans l'ouvrage de M. Gaudry, par MM. Fischer et Tournouër.

(2) Dédié à M. le docteur P. Fischer qui a bien voulu me faciliter, autant que possible, l'étude des collections du Muséum, où se trouvent les types des espèces décrites et figurées dans les *Animaux fossiles du mont Luberon.*

figurer à la suite de ce travail, je donnerai ailleurs une description plus détaillée de ce type intéressant.

Turritella cathedralis, Brongniart, var.

Turritella bicarinata, Eichwald.

Mesalia Cabrierensis, Fischer et Tournouer.

Xenophorus cf. *X. Deshayesi*, Michelotti.

Calyptræa Chinensis, Linné.

**Ostrea Boblayei*, Deshayes *in* Fischer et Tournouer.

— *digitalina*, Dubois de Montpéreux. — Les géologues autrichiens comprennent aussi sous cette dénomination la forme citée par MM. Fischer et Tournouër et par moi sous le nom d'*O. caudata*, Münster, et qui est beaucoup plus conforme à la figure de Goldfuss dans la mollasse à *Pecten præscabriusculus* que dans les couches à *Cardita Jouanneti*.

Anomia porrecta, Partsch.

**Pecten scabriusculus*, Matheron. — Cette espèce, avec laquelle on a jusqu'à ce jour confondu le *Pecten* si abondant dans la mollasse proprement dite, atteint ici de grandes dimensions. Quelques échantillons mesurent 130^{mm} de largeur sur 115 de hauteur. Le contour est très variable, par suite de l'obliquité plus ou moins accusée des valves et de la proportion très instable entre la hauteur et la largeur. On en trouve même qui sont un peu plus hauts que larges. Quant à l'ornementation, elle paraît être assez constante.

— *Cavarum*, Font. — Le *P. scabriusculus*, dont le type porte des côtes égales entre elles, montre dans quelques individus une tendance à ce que j'appelle l'*amébéisme;* on remarque en effet sur quelques valves droites cinq côtes légèrement plus saillantes que les autres. Cette tendance s'accentuant de plus en plus, le *P. scabriusculus* passe au *P. Cavarum*, qui se distingue en outre par des côtes plus étroites, plus hautes, par des stries plus marquées, moins régulières.

— *diprosopus*, Font., var. — Le type provient des Sables à *Ostrea crassissima* (1er niveau) du bassin de Visan. C'est un *P. Cavarum*, var. *Delphinensis*, dont les côtes saillantes ne sont séparées que par une seule côte fine. Cette forme est la plus ancienne du groupe des *Amœbei;* la plus récente se trouve à Cabrières et ne présente que quatre côtes saillantes, mais toutes celles qui couvrent la valve droite sont extrêmement élevées et étroites.

ecten subvarius, D'ORB. — Identique avec la figure de Goldfuss visée par d'Orbigny, cette espèce atteint aussi des dimensions inusitées (95^{mm} de longueur sur 80 de largeur). Côtes au nombre de 23-25. Forme plus allongée que dans le type vivant.

— *nimius*, FONT. — Ce n'est peut-être qu'une phase de l'existence du *P. pusio;* mais il suffit de jeter un coup d'œil sur la figure que j'en ai donnée *(Bassin de Visan*, pl. V, fig. 2) pour reconnaître l'impossibilité de l'admettre au rang de simple variété de l'espèce actuelle.

— *solarium*, LAMARCK, var. *Cucuronensis*. — J'ai d'abord rattaché ce Peigne au *P. sub-Holgeri*, Font., sous le nom de var. *Cucuronensis;* mais je crois aujourd'hui que cette forme a beaucoup plus d'affinité avec le *P. solarium* des faluns de la Loire, tel que l'entend M. Tournouër, et auquel il convient de la rapporter à titre de variété (var. *Cucuronensis)*.

— *Escoffieræ*, FONT. — Une valve gauche, provenant de la base de l'assise, mesure 35^{mm} sur 36.

*— *planosulcatus*, MATHERON.—Type de Cucuron, comme le *P. scabriusculus*. — Le plus grand échantillon que j'aie observé atteint 250^{mm} de diamètre, dimension bien supérieure à celles indiquées jusqu'ici. Les exemplaires des sables immédiatement subordonnés sont au contraire très petits (23^{mm} sur 24). La plupart des individus de grande taille montrent les côtes secondaires signalées par MM. Fischer et Tournouër.

*— *subbenedictus*, FONT. = *Pecten benedictus*, Lamarck *in* Fischer et Tournouër.

Avicula phalænacea. LAMARCK.

Perna Soldanii, DESHAYES.

Modiola, cf. *M. Matheroni*, FONT.

Arca Turonica, DUJARDIN.

Pectunculus glycimeris, LINNÉ *in* FISCHER et TOURNOUER.

Cardium Darwini, MAYER *in* FISCHER et TOURNOUER.

— *Avisanense*, FONT.

— *discrepans*, BASTEROT *in* HÖRNES.

— *papillosum*, POLI.

Cardita Jouanneti, DES MOULINS. — Identique au type du Sud-Ouest.

Venus umbonaria, LAMARCK.
— *plicata*, GMELIN.
— *islandicoides*, LAMARCK.
Cytherea, cf. *C. Bernensis*, MAYER *in* FISCHER et TOURNOUER.
* *Tapes vetulus*, BASTEROT *in* FISCHER et TOURNOUER.
— *ænigmaticus*, FISCHER et TOURNOUER.
Lutraria elliptica, LAMARCK.
Tellina planata, BROCCHI.
Corbula cf. *C. gibba*, OLIVI. — Les moules de Corbules qui couvrent certains lits à la base des couches à *P. planosulcatus* me paraissent se rapporter au type vivant, souvent cité d'ailleurs du Miocène aussi bien que du Pliocène.
* *Panopæa Menardi*, DESHAYES.
* — *Rudophii*, EICHWALD.
Echinolampas hemisphæricus, AGASSIZ. — Cette espèce atteint ici un très beau développement. Les exemplaires mesurant 120^{mm} de diamètre antéro-postérieur ne sont pas rares.
Scutella Faujasi, DEFRANCE? — Même observation que pour l'*Echinolampas hemisphæricus*. Le plus grand exemplaire que j'aie recueilli dépasse 130^{mm} de diamètre; malheureusement, la gangue ne laisse à découvert qu'une faible partie du test. Cette détermination ne peut donc être considérée comme absolument certaine, d'autant plus que les zones interporifères paraissent moins larges qu'elles ne devraient être d'après la description de M. Desor (*Syn.*, p. 233).
Bryozoaires.
Polypiers.

Cette liste, qui, à l'exception des Peignes, des Huîtres et des Échinides, est basée presque exclusivement sur l'étude de moules et d'empreintes, mais dont j'ai cependant exclu les espèces trop incertaines, montre tout d'abord l'affinité incontestable de cette faune avec celle qui se rencontre dans les couches à *Pecten Vindascinus* du Comtat. Et je ne saurais admettre que cette affinité, d'accord avec les données de la stratigraphie, puisse être contre-balancée par quelques types persistants, et d'ailleurs fort ubiquistes, de la Mollasse de Saint-Paul Trois-Châteaux, à laquelle la *Mollasse jaune de Cucuron* est assimilée dans tous les travaux publiés jusqu'à ce jour sur les terrains tertiaires du bassin du Rhône, et dont elle est séparée stratigraphiquement par une épaisseur énorme de sables et de grès.

D'un autre côté, toutes les espèces *littorales* qui se rencontrent dans les bancs à *Pecten planosulcatus* se retrouvent dans les marnes à *Ancillaria glandiformis*, et lient ainsi la Mollasse de Cucuron aux Marnes de Cabrières aussi étroitement que les alternances pétrographiques que j'ai signalées. Il serait donc impossible, à mon avis, de séparer ces deux termes, et de rejeter le premier dans l'Helvétien supérieur ou Miocène moyen (*pars*), tout en maintenant le second dans le Tortonien ou Miocène supérieur.

Les couches de marne sableuse qui alternent au pied du Luberon avec les bancs calcaires, ne m'ont présenté qu'un petit nombre d'espèces déterminables, qui toutes, d'ailleurs, se retrouvent dans les marnes à *Ancillaria glandiformis*. Je citerai parmi les plus abondantes : *Nassa Ayguesii*, *Turritllea bicarinata*, *Ostrea digitalina*, *Anomia costata*, *Venus islandicoides*, *Tellina lacunosa*. Mais ce qui caractérise plus spécialement ces dépôts, ce sont les bancs d'*Ostrea digitalina* et les lits de petits galets qu'on y observe et qui leur donnent un faciès absolument identique avec celui de certaines couches du même horizon, qui affleurent au pied de la montagne de Vaux, dans le Midi de la Drôme.

Les *Marnes de Cabrières*, caractérisées à la partie supérieure par l'*Eastonia rugosa* et par un banc d'*Ostrea crassissima*, ont été l'objet d'études trop consciencieuses de la part de MM. Dumortier, Fischer et Tournouër, pour qu'il soit nécessaire d'en décrire à nouveau la faune. Je me bornerai donc, pour résumer ici tous les documents indispensables à la classification des terrains néogènes de cette région, à reproduire la liste des espèces citées dans le mémoire de M. Gaudry, en y ajoutant un certain nombre de types, dont plusieurs sont décrits dans l'appendice paléontologique joint à cette étude (1).

GASTÉROPODES

Murex Gaudryi, Fisch. et T., *ar*,
— *Dujardini*, Tourn., *r*,
— *Arnaudi*, Fisch. et T., *rr*,
— *striœformis*, Michelotti, *c*,
— *pentodon*, Fisch. et T., *rr*,
— *Vindobonensis*, Hörnes, *c*,
— *perplexus*, Fisch. et T., *rr*,
— *lapilloides*, Fisch. et T., *ar*.
* — *subproductus*, Font., *rr*,
* — *Dertonensis*, Mayer, *r*,
* — *incisus*, Broderip, *rr*,
Pollia exsculpta, Dujardin, *r*,
* — *Tournouëri*, Font., *ac*,
Purpura Dumortieri, Fisch. et T. *r*,
Fusus pachyrhynchus, F. et T., *r*,
— *provincialis*, F. et T., *ar*,
Fasciolaria Tarbelliana, Grat., *r*,
Cancellaria Westiana Grat., *r*,
* — *Brocchii*, Crosse, *rr*,
* — *Druentica*, Font., *rr*,
* — *Deydieri*, Font., *rr*,
* — *Gaudryi*, Font., *rr*,
Ficula clathrata, Lam., var., *rr*,
Pirula rusticula, Basterot, *ar*,
Nassa eburnoides, Matheron, *r*,
— *conglobata*, Br., var., *rr*,
Nassa Ayguesii, Font., *rr*,
* — *Caudellensis*, Font., *rr*,
— *Dujardini*, Deshayes, *cc*,
— *acrostyla*, Fisch. et T., *c*,
— *cytharella*, Fisch et T., *c*,
— *Sallomacensis*, M. var., *ac*,
— *Cabrierensis*, Font., *ac*,
* — *subduplicata*, Orb., var., *rr*,
* — *sublapsa*, Font., *rr*,
* — *Dexivæ*, Font., *rr*,
Terebra modesta, Defrance, *cc*,
— *acuminata*, Borson, *r*,
— *Cacellensis*, Costa, var., *r*,
— *Algarbiorum*, C., var., *ar*,
* — *Cuneana*, Costa, *ar*,
Ancillaria glandiformis, Lam., *cc*,
Conus Aldrovandii, Brocchi, *r*,
— *Mercatii*, Brocchi, *ac*,
— *maculosus*, Grat., *r*,
Conus canaliculatus, Brocchi, *cc*,
Pleurotoma ramosa, Bast., *ac*,
— *Jouanneti*, des Moul., *cc*,
— *asperulata*, Lam., *ac*,
* — *gradata*, Defr., *rr*,
— *calcarata*, Grat., *c*,
— *Cabrierensis*, F., et T., *cc*,

(1) Les espèces que j'ai ajoutées à la liste de MM. Fischer et Tournouër sont précédées d'un astérisque; elles sont au nombre de 65 (37 Gastéropodes et 28 Lamellibranches) et portent ainsi à 178 le nombre des espèces connues jusqu'à ce jour des Marnes de Cabrières (115 Gastéropodes et 63 Lamellibranches).

Pleurotoma tenuilirata, F. et T., *r*,
— *pseudobeliscus*, F. et T., *ar*,
— *granulatocincta*, MUNST., *r*,
— *Saportai*, FISCH. et T., *ar*,
* — *Caudellensis*, FONT., *rr*,
Defrancia calathiscus, F. et T., *rr*,
Mitra fusiformis, BROCCHI, *r*,
* — *aperta*, BELL., var., *r*,
* — *bathmophora*, FONT., *ar*.
* — *ebenus*, LAM., *r*,
— *Manzonii*, FISH. et T., *ar*,
Columbella Turonica, M. var., *ac*,
— *filosa*, DUJARDIN, *r*.
— *porcata*, FISCH. et T., *ar*,
Erato lævis, DONOVAN, *rr*,
Cypræa præsanguinolenta, FONT., *r*,
* — *affinis*, DUJARDIN, *rr*,
Natica cuthele, FISCH. et T., *cc*,
* — *hypereuthele*, FONT., *r*,
— *Moirenci*, FISCH. et T., *c*,
— *Leberonensis*, F. et T., *c*,
— *Volhynica*, D'ORB., *c*,
— *Josephinia*, RISSO, *ar*,
Cerithium lignitarum, EICHW., *ar*,
— *papaveraceum*, BAST., *r*,
— *prædoliolum*, F. et T., *ac*,
— *Dertonense*, MAYER, *c*,
— *pictum*, BAST., *r*.
* — *trilineatum*, PHILIPPI, *rr*,
* — *Deydieri*, FONT., *rr*,
**Pyramidella piicosa*, BRONN, *rr*,
* — *perversum*, LINNÉ, *rr*,
**Eulima subulata*, DONOV., *rr*,
Truritella bicarinata, EICHW., *c*,
— *pusio*, FISCH. et T., *cc*,
Proto rotifera, FISCH. et T., *cc*,
* — *cathedralis*, BR., var., *rr*,
Mesalia Cabrierensis, F. et T., *c*,
Rissoa aff. *R. curta*, DUJARDIN, *rr*,
Vermetus intortus, LAM., *ac*,
* — *carinatus*, HÖRNES, *rr*,
**Fossarus costatus*, BROC., var., *ar*,
Turbo muricatus, DUJARDIN, *ac*,
Trochus millegranus, P., var., *ac*,
— *Martinianus*, MATH., *r*,
* — *Cabrierensis*, FONT., *ar*,
* — *prælineatus*, FONT., *r*,
* — *Ayguesii*, FONT., *rr*,
* — *angulatus*, EICH., var., *ar*,
**Clanculus Araonis*, BAST., var., *ar*,
Rotella subsuturalis, D'ORB., *cc*,
— *mandarinus*, FISCHER, *ac*,
**Adeorbis Woodi*, HÖRNES, *rr*,
Fissurella Italica, DEFRANCE, *ar*,
**Emarginula clathratæformis*, E. *rr*,
Calyptræa Chinensis, LINNÉ, *c*,
— *deformis*, LAM., *rr*,
Crepidula gibbosa, DEFR.? *rr*,
**Capulus sulcosus*, BROC., var., *rr*,
Dentalium fossile, LINNÉ, *ac*,
**Actæon semistriatus*, GRAT., *r*,
Bulla Lajonkaireana, BAST., *r*,
— *lignaria*, LINNÉ, *rr*,

LAMELLIBRANCHES

Ostrea crassissima, LAMARCK, *cc*,
— *digitalina*. DUBOIS, var. *cc*,
Anomia costata, BROCCHI, *cc*,
Pecten improvisus, FSICH., et T. *r*,
* — *Cavarum*, FONT., *ar*,
— *substriatus* D'ORB, *c*,

* *Pecten Escoffieræ*, Font., rr,
Avicula phalænacea, Lam., r,
* *Perna* aff. *P. Rollei*, Hörnes, r,
Mytilus Suzensis, Font., r,
* *Modiola* cf. *Matheroni*, Font., rr,
* *Lithodomus* cf. *Avitensis*, Mayer, r,
Arca Turonica, Dujardin, c,
— *Rhodanica*, Font., r,
* — *barbata*, Linné, r,
* — *lactea*, Linné, ar,
* — *Rollei*, Hörnes, r,
— *Noæ*, Linné, c,
* — *variabilis*, Mayer, r,
* — *clathrata*, Defrance, r,
Pectunculus glycimeris, Linné, r,
* *Nucula nucleus*, Linné?, rr,
* *Leda fragilis*, Linné, rr,
Chama gryphoides, Linné, r,
Cardium Darwini, Mayer, ac,
— *papillosum*, Poli, r,
— *Avisanense*, Font., ac,
Lucina globulosa, Deshayes, rr,
* — *dentata*, Bast., r,
* — *commutata*, Philippi, r,
* *Diplodonta rotundata*, Mont., r,
* — *Fischeri*, Font., r,
Crassatella provincialis, F., T., ar,
Carditaa crassa, Lamarck, ar,
— *Jouanneti*, Bast., cc,
* — *Partschi*, Goldf., var., r,
* *Cardita goniopleura*, Font., rr,
Venus clathrata, Dujardin, ar,
— *plicata*, Gmelin., c,
— *islandicoides*, Lamarck, c,
— *umbonaria*, Lamarck, r,
— *Arnaudi*, Fisch. et T., rr,
Cytherea Pedemontana, Agas., c,
* — aff. *C. Erycina*, Linné, r,
Tapes ænigmaticus., F. et T., rr,
* — *eurinus*, Font., rr,
* *Venerupis decussata*, Philippi *in* Hörnes, ar,
* *Lutraria elliptica*, Lamarck, r,
Tellina planata, Linné, c,
— *elliptica*, Lamarck, r,
Fragilia abbreviata, Dujardin, c,
Arcopagia ventricosa, de Ser., c,
Eastonia rugosa, Chemnitz, cc,
* *Psammobia Labordei*, Bast., r,
Solen marginatus, Pulteney, c,
Solecurtus candidus, Renieri, r,
* *Trigonia anatina*., Gm. *in* Hör., ar,
Corbula Escoffieræ, Font., cc,
* — *revoluta*, Brocchi, r,
* — *carinata*, Dujardin, r,
Sphenia anatina, Bast., r,
* *Gastrochæna dubia*, Pennant, ar,
Parapholas Branderi, Bast., ar,
Pholas Luberonensis., Font., rr.

J'ai déjà dit que, malgré la présence d'une notable quantité d'espèces du Miocène moyen de la Touraine et du Sud-Ouest, les Marnes de Cabrières avaient été considérées comme représentant le Miocène supérieur dans le bassin du Rhône. C'est à un niveau à peu près identique que M. Mayer les a placées, en les faisant rentrer dans le Tortonien de sa classification, et M. Fuchs, avec qui j'ai eu le plaisir de visiter ce gisement classique, a reconnu que de tout le Miocène du bassin de Vienne, c'était avec l'argile de Grinzing qu'elles avaient le plus d'analogie, tant au point de vue de l'ensemble de la faune qu'à celui de la fréquence des types qui la composent. Il m'avait d'ailleurs suffi de lire les intéressants travaux du géologue hongrois, pour en déduire un rapprochement analogue, que j'avais ainsi formulé : « Par l'ensemble de ses fossiles, le groupe des marnes et sables à *Cardita Jouanneti* me paraît correspondre aux assises qui, dans le bassin de Vienne, sont subordonnées à l'argile de Baden, c'est-à-dire à la partie inférieure et moyenne du deuxième étage méditerranéen, les couches de Baden renfermant de nombreuses espèces qui, dans le bassin du Rhône, ne font leur apparition que dans les marnes et faluns du groupe de Saint-Ariès (1). »

On sait aussi, grâce aux travaux de M. G. Capellini, que cet horizon est très distinctement représenté en Italie par une série de dépôts subordonnés à la formation gypseuse et caractérisés par les mêmes fossiles que le Tortonien du Comtat et de la Provence.

Sables et marnes à lignite et fossiles terrestres (*Helix Christoli*)

C'est ainsi que j'ai désigné, dans mes études antérieures, les formations continentales superposées dans le Comtat à la zone à *Cardita Jouanneti*, et débutant par des dépôts ligniteux plus ou moins importants, dont j'ai suivi les affleurements depuis le département de l'Ain jusqu'à celui des Bouches-du-Rhône.

(1) *Le bassin de Visan*, p. 53.

Sur le plateau de Cucuron, cette zone, séparée de la précédente par quelques mètres de marne et de sable sans fossiles (?), se subdivise naturellement en trois assises : marneuse, calcaire et limoneuse ; la première caractérisée par le *Melanopsis Narzolina,* la seconde par l'*Helix Christoli,* déjà commun d'ailleurs dans les marnes subordonnées, la troisième par l'*Hipparion gracile.*

Les fossiles de cette zone, comme ceux des Marnes de Cabrières, ont été étudiés et décrits avec beaucoup de soin par les savants auteurs du mémoire sur les *Animaux fossiles du Mont-Léberon.* Voici les espèces qu'ils y ont reconnues :

1° Marnes à *Melanopsis Narzolina* et Calcaire marneux à *Helix Christoli.*

Melanopsis Narzolina, BONELLI, *cc,*
Succinea primæva, MATH., *r,*
Helix Christoli, MATH., *cc,*
Planorbis præcorneus, F. et T., *cc,*
— *Matheroni,* FISCH. et T., *cc,*
Bithynia Leberonensis, F. et T., *c.*

A cette liste je puis ajouter aujourd'hui :

Neritina Dumortieri, FONT., *ar,*
m iæa Heriacensis, FONT., *c.*
Limnæa Cucuronensis, FONT., *r,*
— *Deydieri,* FONT., *r.*

2° Limons rougeâtres à *Hipparion gracile.*

Machærodus cultridens, KAUP (sp. CUVIER),
Hyæna eximia, ROTH et WAGNER,
Icthytherium hipparionum, GAUDRY (sp. GERVAIS),
— *Orbignyi,* GAUDRY (sp. GAUDRY et LARTET),
Dinotherium giganteum, KAUP ?,
Rhinoceros Schleiermacheri, KAUP,
Acerotherium incisivum, KAUP (sp. CUVIER),
Hipparion gracile, KAUP (sp. de CHRISTOL),
Sus major, GERVAIS,
Helladotherium Duvernoyi, GAUDRY (sp. LARTET),
Tragoceras amaltheus, GAUDRY (sp. ROTH et WAGNER),
Gazella deperdita, GERVAIS ?,
Palæoceras Lindermayeri ?, ROTH et WAGNER,
Cervus Matheroni, GERVAIS,
Testudo de dimension gigantesque,
— de taille moyenne,
— de petite taille.

Cette faune a été regardée par M. Gaudry comme caractéristique du miocène supérieur, et les limons rougeâtres du mont Luberon ont été maintenus, dans un ouvrage récent du même auteur, au niveau des gisements de Pikermi (Grèce), de Baltavar (Hongrie), de Concud (Espagne). Ce classement fixe donc la position stratigraphique des couches lacustres subordonnées, qui ne sauraient être rangées dans le pliocène inférieur sans y entraîner les limons à ossements.

Je ne reviendrai pas ici sur les parallélismes que j'ai cru devoir établir entre les divers dépôts superposés au miocène supérieur marin dans la vallée du Rhône. Je sais qu'ils ne sont pas admis, en partie du moins, par quelques géologues, mais sans connaître les données stratigraphiques sur lesquelles on pourrait s'appuyer pour considérer, par exemple, les couches à lignite de Tersanne (Drôme), d'Heyrieu (Isère), de la Bresse, comme d'un âge plus récent que celles du Comtat et de la Provence.

S'il s'agit de faire passer toute cette zone du miocène supérieur dans le dliocène inférieur, c'est encore là une de ces questions d'accolade que je m'abstiendrai de discuter, les limites stratigraphiques étant le plus souvent aussi arbitraires que les limites spécifiques. Mais ce que je crois pouvoir maintenir, c'est que les formations continentales immédiatement superposées aux sables à *Nassa Michaudi* et *Helix Delphinensis* dans le Dauphiné et la Bresse, aux couches à *Cardita Jouanneti* dans le Comtat et la Provence, sont antérieures au groupe de Saint-Ariès, classé par les uns dans le miocène supérieur, par les autres dans le pliocène inférieur.

Cette opinion ne s'appuie pas seulement sur la coupe de Hauterive, très difficile à relever et dont l'interprétation peut être controversée, mais sur toutes celles que j'ai observées dans la vallée du Rhône et qui présentent à cet égard une remarquable concordance. Cette question, d'ailleurs, est longuement discutée dans ma dernière étude sur les terrains néogènes du Sud-Est ; il est donc inutile de revenir ici sur les arguments que j'ai fait valoir en faveur de ma manière de voir, et sur les doutes que me laissent encore certaines solutions provisoires que j'ai cru devoir proposer.

On sait combien il est difficile de classer les formations terrestres ou d'eau douce qui ne sont pas distinctement intercalées entre deux assises marines d'âge nettement déterminable, ou d'établir le synchronisme de dépôts qui se sont formés simultanément sous les eaux de la mer et sur les terres exondées. Cette tâche est certainement aussi délicate que celle de rattacher les dépôts de rivage, de bas-fonds ou de récifs, aux dépôts de mer profonde, et les efforts tentés dans cette voie sont trop récents pour que, dans un grand nombre de cas, les résultats obtenus puissent être regardés comme définitifs.

Il est bien certain que les marnes à lignite du bassin du Rhône doivent être contemporaines, soit des sables à *Nassa Michaudi* ou à *Cardita Jouanneti*, soit peut-être des marnes et faluns de Saint-Ariès, et j'ai déjà signalé, pour le Bas-Dauphiné septentrional, le synchronisme probable de certaines assises marines, saumâtres et continentales. Mais c'est là une question que je ne saurais traiter encore avec tout le développement qu'elle comporte, les terrains pliocènes et quaternaires du Sud-Est étant trop imparfaitement connus pour qu'on puisse l'aborder dès aujourd'hui sans laisser à l'hypothèse un champ beaucoup trop vaste.

Alluvions anciennes

Les îlots tortoniens que les érosions ont découpés sur le bord septentrional de la plaine de la Durance, sont couronnés par un poudingue peu cohérent, à ciment marno-sableux, dont les cailloux, en grande partie calcaires, sont souvent *impressionnés*. Des dépôts analogues se retrouvent dans le Comtat, notamment au sommet des collines tertiaires qui s'élèvent entre Valréas et Nyons.

Par contre, je ne crois pas en avoir observé de semblables dans le fond des vallées, où les alluvions présentent des caractères bien différents.

Ces cailloutis, considérés par M. Sc. Gras comme le prolongement aminci d'un terrain de transport très puissant dans les Basses-Alpes, ont été placés par cet auteur au sommet des terrains tertiaires et décrits très exactement sous le nom de terrain lacustre supérieur. M. Sc. Gras les assimile donc ainsi aux poudingues du Bas-Dauphiné et en particulier des environs de la Tour-du-Pin. Je crois en effet qu'ils pourraient être reliés, non pas précisément aux poudingues miocènes de M. Lory, mais peut-être aux dépôts que le savant professeur de Grenoble a appelés *glaise de Chambaran et des plateaux viennois*, et a parallélisés avec le conglomérat bressan, pliocène pour lui comme pour Élie de Beaumont.

On sait que, dans ces dernières années, ces terrains de transport ont été rattachés aux dépôts glaciaires, si bien étudiés dans l'Ain et le Rhône par MM. Falsan et Chantre, et rapportés par eux à la période quaternaire. Cette attribution entraîna même, tout d'abord, dans le même étage, les couches à *Valvata Vanciana* et *Paludina Dresseli* du plateau des Dombes.

Pour ma part, je n'ai jamais pensé que la faune de Vancia pût être quaternaire, et si je n'ai pas exprimé ma manière de voir à cet égard, c'est que j'étais persuadé que de nouvelles recherches ne tarderaient pas à faire revenir les explorateurs de la Bresse sur une appréciation basée uniquement sur les données fournies par le forage d'un puits. Aujourd'hui que les auteurs de l'intéressante note publiée dans le *Bul-*

letin (1) sont eux-mêmes divisés sur ce point, je ne me crois plus astreint à la même réserve et me range résolument à l'avis de M. Tournouër (2).

Mais la rétrocession à la période tertiaire des couches à *Valvata Vanciana* doit-elle forcément entraîner celle de toutes les alluvions dites *anciennes* par M. Fournet, et *glaciaires* par M. Falsan? N'est-on pas là en présence de quelque problème analogue à celui que j'ai cherché à résoudre dans mon étude sur le vallon de la Fuly? C'est là une question qui ne me paraît pas définitivement tranchée, la solution proposée en quelques mots par M. Tournouër ne s'appuyant encore sur aucun argument stratigraphique irréfutable.

Cependant, à en juger d'après les observations que j'ai eu l'occasion de faire sur plusieurs points du bassin du Rhône où j'ai rencontré les poudingues à cailloux impressionnés, je crois qu'il faudra en revenir, pour une partie au moins de ce qu'on appelle les alluvions anciennes, à la classification de MM. Gras et Lory, reprise aujourd'hui par MM. Tournouër et Tardy.

Et à ce propos, j'ajouterai que parmi les conclusions présentées par M. Tournouër à la suite du travail de M. Tardy, il en est une qui me semble particulièrement intéressante ; car elle vient appuyer une de celles que j'ai formulées dans la première de ces monographies. Il paraît, en effet, que sur le plateau des Dombes, les fossiles des marnes à *Valvata Vanciana*, en place à la base de la masse des alluvions anciennes, se retrouvent à la partie supérieure remaniés avec le *Nassa Michaudi* et autres fossiles marins. Or, j'ai fait remarquer en 1875, que dans les masses caillouteuses qui couvrent les berges du vallon de la Fuly, on pouvait distinguer deux

(1) *Bull. Soc. Géol.*, 3e sér., t. III. p. 741 ; 1875.
(2) Observations sur les terrains tertiaires de la Bresse (*Bull.*, 3e sér., t. V, p. 732 ; 1877).

horizons : l'un (à cailloux impressionnés), que j'ai regardé comme le plus ancien, ne contenant dans son ciment sableux que des fossiles des sables à *Helix Delphinensis*, en place sous ce même manteau d'alluvions; l'autre, qui est évidemment plus récent, ne renfermant que des débris de coquilles marines des sables à *Nassa Michaudi*.

Ce fait vient, suivant moi, à l'appui de l'opinion émise par M. Lory (1) et des conclusions récemment formulées par M. Tournouër, et j'ai pensé qu'il était utile d'appeler de nouveau l'attention sur cette observation. Elle pourra peut être contribuer à fixer le sort de ces alluvions, sur l'âge et l'origine desquelles les géologues de la Bresse ont quelque peine à se mettre d'accord, le miocène, le pliocène et le quaternaire, les torrents du diluvium et ceux des glaciers étant chargés, à tour de rôle, de leur donner l'hospitalité ou de leur servir de moyens de transport.

Mais, en somme, et malgré quelques points encore obscurs, on voit que plus les observations deviennent rigoureuses, au sud comme au nord de Lyon, plus la série tertiaire de la Bresse et en général de tout le département de l'Ain, se révèle identique, au moins dans ses traits généraux, avec celle du Dauphiné, du Comtat, etc. Ce résultat aurait été certainement atteint plus tôt, si les géologues du Sud-Est n'avaient pas aussi étroitement limité le champ de leurs recherches et mis leurs divergences sur le compte de prétendues localisations de phénomènes. Tout tend, au contraire, à établir une uniformité remarquable dans la succession des phénomènes telluriques et biologiques qui ont affecté le bassin du Rhône pendant la période tertiaire.

(1) « Il est possible qu'il existe dans les alluvions anciennes de la Bresse et de nos vallées alpines, des dépôts inférieurs, contemporains des couches marines subapennines de l'Italie ou tout au moins des dépôts pliocènes du val d'Arno, et d'autre part, des dépôts supérieurs, correspondant aux alluvions anciennes qui se sont formées sur cet autre versant des Alpes postérieurement au retour de la mer pliocène. »

La série de l'Ain, semblable à celle qu'on observe dans le Bas-Dauphiné septentrional, laquelle ne diffère de la série du Comtat et de la Provence que par l'absence de quelques couches d'un développement peu important, — la série de l'Ain, dis-je, comprend toutes les zones signalées dans cette étude depuis la mollasse à *Pecten præscabriusculus* jusqu'aux alluvions qui couronnent les collines tortoniennes de la rive gauche du Rhône.

Les couches y sont presque horizontales dans la Bresse, comme dans le nord du Dauphiné, observation faite souvent déjà et en parfait accord avec les données des coupes que j'ai publiées. Partout, en effet, vers le milieu de la vallée du Rhône, la zone moyenne du miocène marin, c'est-à-dire les sables à *Terebratulina calathiscus* de Vienne et de Tersanne, à *Pecten Celestini* du bassin de Visan, à *P. Fuchsi* var., des environs de Cucuron, constituent le fond de cuvettes formées par les divers soulèvements qui ont disloqué les dépôts tertiaires. Et c'est dans cette masse puissante, mais peu cohérente, que les cours d'eau ont façonné un grand nombre de vallées, y compris celle du Rhône dans les environ de Lyon (1), vallées d'autant plus larges que la faible inclinaison des strates donnait plus d'étendue à leurs affleurements. Au-dessus de ces sables ou des dépôts littoraux qui les surmontent, s'étendent les débris d'une immense nappe marno-sableuse, d'origine continentale, constituant, suivant leur importance, des ilots comme dans le bassin de la Durance, de petits massifs comme dans les environs de Visan, ou de vastes plateaux comme dans le Bas-Dauphiné et le département de l'Ain.

Quant à la mollasse à *Pecten præscabriusculus*, si on n'en a encore signalé aucun gisement dans la Bresse, elle n'en

(1) J'ai signalé en 1877, dans les environs d'Irigny (Rhône), le premier gisement des sables à *Terebratulina calathiscus* qui ait été observé sur la rive droite du Rhône ; il se relie aux dépôts de même nature qui, sur la rive gauche, forment la base des balmes viennoises.

a pas moins précédé, là comme partout ailleurs, les sables supérieurs de l'Helvétien, ainsi qu'en témoignent les nombreux affleurements du Bugey, où les soulèvements du Jura l'ont mise en évidence et portée sur certains points à de grandes hauteurs.

Il est donc permis de croire : 1° que nous connaissons dès aujourd'hui toute la succession des dépôts qui se sont formés dans la partie française du bassin du Rhône, depuis la mollasse proprement dite jusqu'aux alluvions anciennes ; 2° que cette succession présente au double point de vue pétrographique et paléontologique une grande uniformité, au moins dans les traits principaux, et qu'il est possible, par conséquent, d'en faire rentrer les termes divers dans les subdivisions que j'ai proposées pour les dépôts tertiaires du bassin de Visan, la meilleure échelle stratigraphique qu'on puisse consulter pour la classification des terrains néogènes du Sud-Est de la France.

Marnes à *Turritella subangulata*

Si les formations qui précèdent, et qu'à l'exception des alluvions anciennes, j'ai réunies sous le nom de *groupe de Visan*, sont suffisamment connues, au moins sur toute la lisière des Alpes, il est loin d'en être de même du *groupe de Saint-Ariès*, formé, en grande partie, de dépôts marins que j'ai cru pouvoir rapporter au début de l'époque pliocène.

Cependant un certain nombre de faits me paraissent aujourd'hui hors de discussion. L'un d'eux, et le plus important peut-être, est encore confirmé par les gisements que j'ai découverts sur la rive gauche de la Durance : c'est la constance de la discordance de stratification qui sépare les deux groupes. La coupe 1 de la planche III montre en effet, d'une manière indiscutable, l'indépendance absolue des marnes de Bacot et de Saint-Cristophe relativement aux assises miocènes des environs de Cucuron. La classification adoptée plus haut pour ces dépôts, malgré la pénurie des documents paléontologiques, me paraît d'ailleurs incontestable, bien que je ne puisse encore préciser la place qu'ils occupent dans le groupe dont ils font partie.

Les gisements que j'ai étudiés jusqu'ici présentent des faunes si diverses, et les coupes y sont si peu nettes, que dans plusieurs cas je n'ai pu voir clairement si j'avais affaire à un faciès ou à un niveau différent. Cependant, ce qui me paraît établi sur des preuves suffisantes, c'est que le groupe de Saint-Ariès comporte au moins deux grandes subdivisions : une zone inférieure, composée, en grande partie, de marnes marines plus ou moins sableuses, renfermant souvent de nombreux débris des falaises au pied desquelles elles se sont formées, et caractérisées par le *Cerithium vulgatum* et par un banc d'huîtres au sommet; une zone supérieure, constituée par des marnes souvent blanchâtres, feuilletées, à joints sableux, dont le fossile caractéristique le plus incontestable est le *Potamides Basteroti*.

Les dépôts dont le classement ne peut être encore aussi rigoureusement établi, sont : 1° les marnes de la vallée du Rhône caractérisées par le *Pecten Comitatus*, Font., qui représentent, soit un faciès moins littoral des couches à *Cerithium vulgatum*, soit une formation un peu plus récente ; 2° les marnes à *Congeria subcarinata*, qui pourraient bien n'être qu'un faciès de cet horizon si polymorphe des couches à Congéries, mais que quelques géologues croient plus anciennes que les marnes à *Cerithium vulgatum*, sans qu'il soit possible de leur opposer des coupes d'une netteté irréfutable.

Le gisement de Saint-Christophe ne saurait m'autoriser à entrer dans la discussion de ces diverses questions, que j'ai déjà traitées d'ailleurs dans mes études sur le Comtat. Je me bornerai donc à dire qu'il offre plutôt les caractères des couches à *Pecten Comitatus* (argile de Bouchet) que ceux des marnes à *Cerithium vulgatum* (marnes de Saint-Ariès). Quant aux marnes de Bacot, elles me semblent se rattacher, par le grand nombre des débris végétaux qui en tapissent les feuillets, aux marnes à *Potamides Basteroti*, telles qu'elles se présentent dans le bassin de Théziers.

Mais ce sont là des hypothèses que je n'émets que sous toutes réserves. Ce qui me paraît parfaitement établi, c'est que le gisement de Saint-Christophe n'est que le prolongement oriental de cette formation marneuse dont les érosions ont épargné un important chaînon en face d'Avignon, et qui, remontant au moins jusqu'au sud des départements de la Loire et de l'Isère, présente de nombreux affleurements sur les deux rives du Rhône et se retrouve dans la plupart des vallées transversales qui en sont tributaires.

CONCLUSIONS

Désireux de maintenir à cette étude le caractère monographique qui lui convient et dont elle s'est départie le moins possible, je ne reviendrai pas ici sur quelques questions d'un intérêt plus général, dont j'ai dû aborder plus haut la discussion, et me bornerai à formuler les conclusions suivantes, plus spécialement relatives aux terrains tertiaires de la vallée de la Durance :

1° Les sables et argiles bigarrés de l'Éocène existent à l'état de lambeaux plus ou moins importants sur les pentes méridionales du mont Luberon ; ils s'y présentent avec les mêmes caractères que dans le Comtat et contiennent des blocs d'un grès calcédonieux rougeâtre, analogues à ceux qu'on rencontre sur les flancs des collines de Saint-Paul Trois-Châteaux, de Chantemerle, etc.

2° Les dépôts attribués au Grès vert sur la carte de M. Sc. Gras appartiennent en réalité à la mollasse à *Pecten præscabriusculus* ou Mollasse proprement dite, et se relient aux dépôts mollassiques de Bonnieux (Vaucluse) et de Rognes (Bouches-du-Rhône).

3° La zone souvent désignée sous le nom de « Mollasse sableuse » ou de « Mollasse grise », n'est nullement subordonnée à la Mollasse de Saint-Paul Trois-Châteaux et ne saurait être par conséquent parallélisée avec la mollasse sableuse à *Scutella Paulensis* de cette dernière localité. Elle représente cette puissante formation gréso-sableuse qui, partout dans le bassin du Rhône, constitue le terme moyen de la série marine du Miocène, et qui est caractérisée par le *Terebratulina calathiscus* dans le Bas-Dauphiné, par le *Pecten Celestini* dans le bassin de Visan. Cette zone renferme à sa base un banc d'Amphiopes et de nombreux *Ostrea crassissima*, deux fossiles très constants à ce niveau dans les départements de la Drôme et de Vaucluse, et qui se retrouvent, dans des conditions stratigraphiques et pétrographiques absolument semblables, en Touraine, et notamment dans les environs de Pontlevoy, où, comme dans ceux de Pertuis, ils sont immédiatement subordonnés à des dépôts d'eau douce (1).

4° Les dépôts d'eau douce, d'épaisseur et de composition très variables, qui, dans la vallée de la Durance, recouvrent les couches à Amphiopes et *Ostrea crassissima*, sont dus à une oscillation du sol qui a pu se produire sur un certain nombre de points du bassin du Rhône, mais qui, probablement, n'a pas eu la même amplitude que les mouvements auxquels sont dues les alternances ultérieures de dépôts marins et continentaux. Il est admissible pourtant que ses effets puissent être constatés dans des localités où jusqu'ici ils ont échappé à l'observation, et qu'on lui reconnaisse dans l'avenir une extension plus grande que celle qui ressort des données actuelles (2).

(1) L'*Amphiope* abondant à ce niveau en Touraine n'est pas l'*A. perspicillata*, mais bien, d'après M. Cotteau, l'*A. bioculata*, espèce très voisine, d'ailleurs, de la première et appartenant incontestablement au même groupe. Quant à l'*Ostrea crassissima*, il présente identiquement le même faciès dans les deux régions.

(2) MM. Gras et Lory ont signalé la présence de la mollasse marine sous des couches d'eau douce, qu'ils ont, je crois, parallélisées avec les calcaires de la Garde-Adhémar, ce qui, théoriquement, je le reconnais, n'a rien d'invraisemblable. Cependant, n'ayant pu encore constater une semblable intercalation sur aucun point du bassin du Rhône, je serais assez disposé à admettre, jusqu'à preuve contraire, que les dépôts d'eau douce observés au-dessus de ces

5° Les couches marno-calcaires dites « Mollasse de Cucuron » ou « Mollasse jaune » ne correspondent pas, comme on l'a admis jusqu'à ce jour, à la mollasse de Saint-Paul Trois-Châteaux, de Montségur, etc., dont elles sont séparées stratigraphiquement par une épaisseur énorme de sables et de grès. Elles sont le prolongement, notablement développé, d'une assise que j'ai signalée dans le Comtat sous le nom de Calcaire marno-sableux à *Pecten Vindascinus*, et qui n'a encore été citée d'aucune autre région. Cette assise, qui est liée par des alternances aux marnes de Cabrières à *Ancillaria glandiformis*, est le seul niveau connu du *Pecten scabriusculus* type, confondu jusqu'ici avec le *P. præscabriusculus*, caractéristique d'un niveau bien inférieur.

6° Sauf cette dernière assise, que je n'ai encore rencontrée que dans le Comtat et la Provence, la série marine du plateau de Cucuron est identique avec celle qu'on peut observer dans la vallée du Rhône, depuis les contreforts du Jura jusqu'au littoral méditerranéen.

7° La formation continentale qui lui succède débute par des couches de lignite qu'on peut suivre au nord jusque dans le département de l'Ain. Il est probable, malgré de sensibles divergences fauniques, que les dépôts terrestres et d'eau douce superposés au lignite (calcaire marneux à *Helix Christoli*, limon rougeâtre à *Hipparion gracile*) ont leurs représentants homotaxiques dans les sables et grès compris entre le lignite et les alluvions anciennes dans le Bas-Dauphiné, la Bresse, etc.

8° Toute cette série m'a paru en stratification concordante ou légèrement transgressive, et les diverses assises en sont

premières couches de mollasse marine représentent, non le calcaire de la Garde-Adhémar, sur lequel repose le groupe complet de Visan, mais bien les formations continentales des environs de Pertuis et de Cucuron, superposées aux bancs gréseux à Amphiopes et *Ostrea crassissima* (1er niveau) et par conséquent d'un âge plus récent.

intimement liées entre elles. Je l'ai désignée d'une manière générale sous le nom de *groupe de Visan* et rapportée au Miocène, la faune mammalogique des limons de Cucuron, qui en constituent le dernier terme, ayant été regardée par M. Gaudry comme caractéristique du Miocène supérieur.

9° Le *groupe de Saint-Ariès* est représenté dans les environs de Cucuron par les marnes à *Turritella subangulata* de Saint-Christophe, qui se relient à l'ouest aux dépôts analogues des environs d'Avignon. Comme partout ailleurs, il est ici en discordance de stratification avec le groupe de Visan ; cette circonstance, jointe à la présence d'une faune très distincte de celle des marnes de Cabrières et incontestablement plus récente, m'a engagé à considérer le groupe de Saint-Ariès comme représentant la base du Pliocène inférieur marin dans le bassin du Rhône.

10° Il est possible que les marnes de Bacot représentent les dépôts saumâtres ordinairement superposés aux couches marines du groupe de Saint-Ariès, mais les documents paléontologiques faisant absolument défaut jusqu'ici, je ne puis indiquer ce rapprochement que sous toutes réserves.

III

Description de quelques espèces et variétés nouvelles des terrains néogènes du plateau de Cucuron

A. Marnes a Cardita Jouanneti

1. MUREX SUBPRODUCTUS, Fontannes

Pl. I, fig. 1.

Testa elongata; spira brevis; — anfractus 5-6 carinati, antice attenuati, sutura parum profunda sejuncti; ultimus maximus, postice depressus, 3/4 totius longitudinis æquans; — liræ spirales obsoletissimæ; nodi longitudinales 7-8, in carina vix prominentes, superne et inferne evanescentes, in ultimo anfractu obsoleti; — apertura elongata; labrum subacutum, interius 5-6 tuberculatum; cauda subrecta, brevis, subumbilicata; umbilicus linearis; canalis apertus.

Long., 17; *lat.*, 9 *mill.*

Le *Murex subproductus*, qui fait partie du groupe du *M. Lassaignei*, Basterot (pl. III, fig. 17), n'est peut-être qu'une forte variété locale du *M. productus*, Bellardi. Il présente aussi quelque analogie avec le *M. sublavatus*, *in* Hörnes, *non* Grateloup Mais le type de Cabrières diffère de ces trois espèces par la brièveté de la spire, par la dépression de la partie postérieure des tours, par l'atténuation très sensible des stries transverses et par l'absence de côtes longitudinales; celles-ci sont remplacées par des tubercules obsolètes, qui n'ondulent que légèrement la carène du dernier tour, mais qui sont un plus saillants sur les tours précédents.

2. POLLIA TOURNOUERI, Fontannes.

Pl. I, fig. 5 *a* et *b*.

Pollia exsculpta, Dujardin, var., *in* Fischer et Tournouer, *op. cit.*, p 121, pl. XVI, fig. 13 et 14.

Testa ovata; spira acuta; — anfractus convexi, subcarinati, longitudinaliter costati, spiraliter lirati; ultimus dimidium testæ superans, antice valde attenuatus;— costæ longitudinales 7, *crassæ, in medio prominentes, versus caudam evanescentes, interstitiis subæqualibus disjunctæ; costulæ transversæ* 10, *angustæ, interstitiis majoribus, tenuissime* 2-4 *striatis, separatæ, interstitio postico majore, suturam marginante; — apertura angusta; labrum intus* 6-7 *plicato-nodosum, columella antice* 3, *postice* 1, *tuberculata; plicæ posticæ labri et columellæ magis productæ; umbilicus linearis, margine rotundato, minute* 5 *striato, cinctus.*

Long., 13; *lat.* 7 1/2 *mill.*

MM. Fischer et Tournouër ont décrit et figuré cette espèce sous le nom de *P. exsculpta*, var., nom spécifique sous lequel ils comprenaient, en outre du type de Dujardin, le petit *Pollia* commun à Pontlevoy. Or, c'est évidemment de ce dernier que le *Pollia* de Cabrières se rapproche le plus, sans toutefois qu'on puisse le rapporter à la même espèce : le canal est en effet plus long, la spire plus aiguë ; les tours sont plus détachés, plus carénés, les côtes plus épaisses, moins nombreuses, moins obliques, etc.

Mais le *P. exsculpta*, Duj., n'en est pas moins représenté à Cabrières par une variété qui tend vers le *P. Meneghinii*, Bell., de Stazzano, et qui se distingue très facilement d'ailleurs du *P. Tournouëri*.

3. CANCELLARIA DRUENTICA, Fontannes.

Pl. I, fig. 2.

Testa ovata, acuta, utraque extremitate acuminata, subumbilicata, longitudinaliter costata, transversim striata; — anfractus 6-7 *carinati, inferne canaliculati, ad angulum tenuiter nodosi; ultimus magnus,* 3/5 *altitudinis testæ æquans, in medio depressus; — costæ longitudinales* 13, *ad labrum sensim obliquæ et parum prominentes; costulæ transversæ angustæ, interstitiis majoribus, striatis, separatæ, versus umbilicum densissimæ, striis incrementi decussatæ*; — *apertura angusta, superne acuta, integra, anguste canaliculata; columella biplicata; labrum acutum; callum parum expansum; umbilicus latus, parum profundus.*

Long., 26; *lat.* 16 *mill.*

Cette espèce, remarquable par la forme de l'ouverture et par la dépression du milieu des tours, ne peut être confondue, je crois, avec aucune de ses congénères. Le type dont elle se rapprocherait le plus me semble être le *C. contorta,* Basterot, qui présente une ouverture plus large, moins anguleuse, des côtes longitudinales plus étroites, moins nombreuses, trois dents saillantes à la columelle, un bourrelet ombilical plus prononcé, limité en avant et en arrière par des sillons plus profonds, etc. Le *C. Druentica* est aussi voisin, sous certains rapports, du *C. imbricata*, Hörnes, espèce primitivement confondue par cet auteur avec le *C. contorta*.

4. CANCELLARIA GAUDRYI, FONTANNES

Pl. I, fig. 3 *a* et *b*.

Testa ovato-ventricosa, umbilicata, longitudinaliter costata, transversim striata; — anfractus 6-7 *convexi, carinati, inferne canaliculati; supremi multiplicati; ultimus magnus,* 3/5 *altitudinis testæ æquans; — costæ longitudinales* 10, *crassæ, in carina productæ; costulæ transversæ* 9, *interstitiis subæqualibus, striatis, separatæ; — apertura subtrigona; labrum intus* 11 *sulcatum; columella triplicata; basis integra; umbilicus mediocris.*

Long. 17; *lat.*, 12 *mill.*

Ce type n'est pas éloigné du *C. ampullacea*, Brocchi *in* Bellardi (*Mon.*, pl. IV, fig. 13); il s'en distingue toutefois nettement par une taille plus petite, par une forme plus allongée, moins ventrue, par une spire plus élevée, par des côtes moins nombreuses sur l'avant-dernier tour (20 au lieu de 30) ; cependant le passage de l'ornementation finement cancellée de celui-ci à la costulation espacée, grossière, du dernier tour, est assez brusque, caractère qui s'observe aussi chez le *C. Brocchi*, Crosse *in* d'Ancona. En outre, l'ombilic du *C. ampullacea* est plus large, le cordon qui le borde postérieurement est plus épais, et la partie horizontale des tours est notablement plus large.

Le *C. scrobiculata*, Hörnes, dont le *C. Gaudryi* se rapproche aussi à quelques égards, a une spire beaucoup plus élevée, des côtes moins fortes sur le dernier tour, moins nombreuses sur ceux qui précèdent, un pli de moins à la columelle, un dernier tour moins embrassant, etc.

5. CANCELLARIA DEYDIERI, Fontannes

Pl. I. fig. 4, *a* et *b*.

Testa obtusa, umbilicata, longitudinaliter costata, transversim sulcata; — anfractus 5 *carinati, infra plani, carina valde prominente; ultimus maximus,* 2/3 *omnis altitudinis æquans; — costæ longitudinales* 10-11, *crassæ, productæ, obliquæ; costulæ transversæ* 5-6, *in plicis attenuatæ, interstitiis duplis, striatis, separatæ; — apertura trigona, acuta, integra, tenue canaliculata; columella triplicata; labrum interius striatum; umbilicus mediocris, profundus; callum inferne expansum.*

Long., 17; *lat.*, 14 *mill.*

Je ne connais aucune forme qui puisse se confondre avec le *C. Deydieri*, remarquable par la brièveté de sa spire, par ses tours fortement carénés, par son ornementation vigoureuse, peu en rapport avec l'exiguité de sa taille, et par la largeur de la partie horizontale de ses derniers tours (1).

(1) Une grande partie des espèces décrites et figurées dans cet appendice m'ont été obligeamment communiquées par M. Deydier, à qui je suis heureux de pouvoir témoigner ici toute ma reconnaissance.

6. FICULA CLATHRATA, Lamarck

Pl. I. fig. 6.

Var. *Cabrierensis*, Fontannes. — *Anfractus ultimus antice minus abrupte attenuatus; spira magis prominula; costulæ concentricæ numerosiores; interstitia minora quam in Turonense typo.*

Long., 43 ; *lat.*, 31 *mill.*

Des côtes transverses de même épaisseur, mais plus rapprochées et partant plus nombreuses, une spire un peu plus élevée, un dernier tour légèrement plus ventru, sont les seuls caractères qui différencient les exemplaires de Cabrières de ceux qu'on rencontre si abondamment dans les faluns de la Touraine. Ces différences ne me paraissent pas avoir une valeur spécifique ; il est bon toutefois de les signaler, car elles semblent témoigner d'un acheminement vers le *F. geometra*, qui remplace le *F. clathrata* dans le Pliocène du Sud-Est.

Les exemplaires du bassin de Vienne assimilés à ceux de Pontlevoy et désignés par Hörnes, d'abord sous le nom de *F. reticulata*, Lam., puis sous celui de *F. cingulata*, Bronn, ont au contraire des côtes transverses plus espacées et beaucoup plus saillantes.

7. NASSA CAUDELLENSIS, Fontannes

Pl. I, fig. 8.

Testa ovato-ventricosa, fragilis, transversim tenue striata; spira longa, acutissima ; —anfractus 7-8 rotunduti, sutura profunda disjuncti; ultimus globosus, 3/5 altitudinis testæ æquans, spiraliter 16-18 striatus, striis prope suturam et basim paulo profundioribus; supremi dense longitudinaliter plicati; — apertura subrotundata, labrum tenue, subacutum; columella brevis, excavata; callum columellare parum expansum.

Long., 17; *lat.*, 13 *mill.*

La forme globuleuse des tours, une spire longue et aiguë, constituent les caractères distinctifs les plus saillants du *N. Caudellensis*. Le type dont il se rapproche le plus est le *Buccinum conglobatissimum*, Costa (pl. XV, fig. 6 *a* et *b*), du groupe des *Nassa mutabilis*, *N. conglobata*, *N. Rosthorni*, etc. ; il en diffère par une spire relativement plus allongée, plus aiguë, par un dernier tour plus arrondi et dont le maximum d'épaisseur se trouve plus en avant, par des stries transverses plus fines, plus serrées, et par la costulation des quatre tours qui suivent les tours embryonnaires.

8. NASSA DEXIVÆ, Fontannes

Pl. I, fig. 7.

Testa oblonga, crassa, longitudinaliter costata, spiraliter lirata; — anfractus 7 subconvexi, sutura parum profunda separati; ultimus spira paulo minor; — costæ longitudinales 11, *crassæ, productæ, interstitiis subæqualibus sejunctæ, fere verticales: striæ transversæ* 11-12, *in medio paulo latiores, in cæteris anfractibus angustiores; — apertura rotundata, labrum extus varicosum, intus* 6 *dentatum; columella brevis, arcuata, rugosa, infra plica prominente munita; callum expansum; canalis brevis, latus, recurvus; basis reflexa, profunde sulcata.*

Long., 7; *lat.*, 3 1/2 *mill.*

Le *Nassa Dexivæ* représente dans le bassin du Rhône ces petites espèces relativement fréquentes dans le Falunien de la Touraine et rares dans le Sud-Est, telles que les *N. Turonensis*, *N. Blesensis*, etc. Je crois cependant que la forme qui s'en rapproche le plus est le *N. serraticosta*, Bronn, déjà signalé par M. Cocconi dans le Miocène supérieur, et qu'on retrouve dans les marnes et faluns du groupe de Saint-Ariès.

L'espèce de Cabrières se distingue du type pliocène par une forme plus trapue, analogue à celle de la variété figurée par Hörnes, par des côtes plus fortes, moins serrées, par des stries transverses moins rapprochées, plus profondes, par la saillie du pli inférieur de la columelle, par les rugosités qui couvrent celle-ci, par le développement de la callosité columellaire, enfin par le sillon profond qui entoure la base et que les côtes ne franchissent pas.

Par certains caractères, le *N. Dexivæ* se rapproche du *N. prismatica*, Brocchi, dont, au premier abord, il semble être une réduction. Il est voisin aussi du *Buccinum Jani*, Mayer, sans toutefois qu'on puisse le confondre avec l'espèce des marnes tortoniennes de Stazzano.

9. NASSA SUBDUPLICATA, d'Orbigny

Pl. I, fig. 10.

Var. *Druentica*, Fontannes. — *Testa elongata; spira major; costæ rariores* (8); *series postica tuberculorum obsoleta, paucistriata.*

Long., 16; *lat.*, 7 *mill.*

La variété de Cabrières se rapproche sensiblement de celle que M. Manzoni a signalée à Sogliano (*Due lembi miocenici*, pl. I, fig. 9) et qui, d'après cet auteur, se trouverait aussi à Grund et à Asti ; les caractères qui la distinguent du type, à en juger du moins par la figure de Hörnes (pl. XIII, fig. 6-9), sont une spire relativement plus élevée, un dernier tour moins convexe, des côtes longitudinales moins nombreuses, une atténuation très sensible des tubercules qui bordent la suture, et probablement aussi une expansion un peu plus grande de la callosité columellaire.

10. NASSA SUBLAPSA, Fontannes

Pl. I, fig. 9.

Testa polita, elongata, spiraliter lirata; spira longa, acuta; — anfractus 7-8 *subconvexi, sutura simplici bene distincta separati; supremi tenue costulati et carinati, costulis carinaque in ultimis evanescentibus; anfractus ultimus* 2/5 *longitudinis testæ paululum superans, transversim* 11-12 *striatus; striæ tenuissimæ, æquales; — apertura ovata; labrum acutum, subreflexum; columella parum concava; canalis late apertus.*

Long., 8; *lat.*, 3 *mill.*

Cette espèce est très voisine du *Buccinum Deshayesi*, Mayer (=*B. baccatum*, var., Dujardin ; *B. politum*, Grateloup), et représente certainement à Cabrières ce type, qui accompagne le *Nassa subduplicata* dans plusieurs gisements du même horizon. Les variations que présente la forme du bassin du Rhône sont cependant plus accusées que dans l'espèce précédente. La carène et les tubercules disparaissent sur les derniers tours ; toute la coquille est finement et régulièrement striée ; les sutures, qui sont moins obliques, ne sont pas bordées du sillon profond qu'on observe sur le type du Sud-Ouest et du bassin de la Loire ; le bord du labre est légèrement renversé en arrière ; enfin, pour un même nombre de tours, le *N. sublapsa* est d'une taille notablement plus petite. Il s'éloigne donc encore plus du *Buccinum politum* tel que l'entend M. Mayer.

11. PLEUROTOMA GRADATA, Defrance (*in* Bellardi)

Espèce du groupe du *P. interrupta* pliocène et souvent confondue avec lui. Le seul exemplaire que je connaisse de Cabrières est en tous points conforme à la description de M. Bellardi et suffisamment distinct du *P. asperulata* figuré dans les *Animaux fossiles du mont Léberon*, pl. XVII, fig. 14, pour qu'il soit permis de douter que ce dernier puisse être aussi rapporté à l'espèce de Defrance, ainsi que le suppose le savant professeur de Turin.

Jusque sur le dernier tour, on reconnaît, malgré l'usure, les tubercule du bourrelet postérieur, qui sont plus fins et surtout plus serrés que ceux du bourrelet antérieur. M. Bellardi croit que certaines variations relient le *P. gradata*, commun dans le Miocène supérieur de Stazzano et de Santa Agata, au *P. interrupta*, qui, d'après lui, serait exclusivement pliocène.

12. PLEUROTOMA CAUDELLENSIS, Fontannes

Pl. I, fig. 11 *a* et *b*.

Testa parva, elongata ; spira longa, acuta ; — anfractus 8-9, *suturis superficialibus separati, carinati, carina simplice, in supremis acuta, in cœteris rotundata, suturæ anticæ proxima, excavati, spiraliter lirati, postice margine obsoleto, striato, muniti; liræ transversæ striis incrementi tenuissimis, undulatis, decussatæ; anfractus ultimus antice subdepressus, dimidium testæ paululum superans; — apertura subtriangularis; labrum acutum; columella subplicata (?); cauda subrecta, brevis, transversim tenue striata et costulata, ad carinam leviter sulcata.*

Long., 11 1/2; *lat.*, 4 1/2 *mill.*

A en juger d'après les analogies de l'ornementation, la place de cette espèce me paraît être près des *Rouaultia Lapugyensis* et *R. subterebralis* du Miocène supérieur de Santa Agata, de Stazzano, de Lapugy. Quant au sous-genre auquel elle doit être attribuée, il est assez difficile à établir. En admettant la présence d'une dent columellaire, vaguement indiquée par un léger renflement de la columelle, le *P. Caudellensis* appartiendrait non aux *Rouaultia*, mais aux *Borsonia*, le sinus du labre se trouvant en arrière de la carène. Quoi qu'il en soit, la forme de Cabrières se distingue du *P. Lapugyensis*, Mayer *in* Bellardi, par une spire plus allongée, plus aiguë, par un canal plus court, par une ouverture plus large, par une carène arrondie, non dentelée, etc.

13. MITRA BATHMOPHORA, Fontannes

Pl. I, fig. 12.

Testa fusiformis; spira brevis, acuta; — anfractus 8, suturis obsoletis disjuncti, carinati; carina in ultimis magis prominens, suturæ anticæ proxima; anfractus ultimus 2/3 omnis longitudinis æquans, antice obtuse attenuatus, 4-5 tenue striatus; sutura leviter subcanaliculata; — apertura elongata, angusta; labrum acutum; columella quadriplicata, vix contorta.

Long., 18; *lat.*, 6 *mill.*

Je ne connais pas le *M. goniophora* de Tortone, localité typique, dont les exemplaires figurés par Hörnes s'éloignent sensiblement, à en juger par la figure donnée par M. Bellardi; mais les différences que présente la forme de Cabrières sont trop importantes pour qu'on puisse la rattacher, soit au type italien, soit à la variété du bassin de Vienne, dont elle se rapproche davantage.

Les principaux caractères distinctifs du *M. bathmophora* sont les suivants : brièveté de la spire ; forme allongée du dernier tour et partant de l'ouverture, dont le bord droit se soude au tour précédent par un angle extrêmement aigu ; sutures superficielles, très légèrement canaliculées sur les deux derniers tours ; proximité de la carène et de la suture antérieure ; stries de la base moins profondes, moins serrées que dans l'espèce de Tortone.

Malgré cela, je n'en crois pas moins à la proche parenté des deux espèces, celle de Cabrières constituant, par sa forme allongée, par ses tours plus embrassants, une variation notable du type de Lapugy, auquel elle se relie par sa carène et par les quatre plis de sa columelle, mais qui est lui-même assez différent du *M. goniophora*, *in* Bellardi

14. CYPRÆA PRÆSANGUINOLENTA, Fontannes

Pl. I, fig. 13 *a* et *b*.

Testa ovato-oblonga, gibbosa, subtus subconvexa, antice paulum attenuata; — apertura submedia, angusta, antice vix dilatata; labrum leviter sinuosum, in medio paulo latius, 2/5 *omnis latitudinis æquans, tenuiter et regulariter* 17 *dentatum ; columella obsolete dentata, dentes* 14 *subuniformes, anticus major, acutus, a cœteris canali obliquo separatus.*

Long., 20; *lat.* 13 *mill.*

Ainsi que MM. Fischer et Tournouër l'ont déjà fait observer, c'est avec le *C. sanguinolenta*, Gmelin *in* Hörnes, que l'espèce de Cabrières présente le plus d'analogie ; elle en diffère par une forme relativement plus large, plus gibbeuse, qui la rapproche du *C. pyrum*, par une ouverture plus médiane, moins dilatée vers le tiers antérieur, par les dentelures fines, régulières, qui couvrent la columelle, tout en s'atténuant légèrement d'avant en arrière, comme dans le *C. amygdalum*, enfin par l'absence de sillon marginal le long du bord droit.

15. NATICA HYPEREUTHELE, Fontannes

Pl. I, fig. 14.

Testa magna, crassa, ovato-ventricosa, umbilicata; spira elongata; — anfractus 5 globosi, suturis profundis, parum obliquis, sejuncti; striæ incrementi densissimæ, tenues sed bene distinctæ; anfractus ultimus 2/3 altitudinis testæ æquans, postice subdepressus; — umbilicus in medio callo crasso subtectus, columella subsinuata.

Long., 72; *lat.*, 52 *mill.*

Grande espèce du groupe du *Natica redempta*, Michelotti, caractésisée par la hauteur de la spire, par la forme globuleuse des tours, dont le dernier est légèrement déprimé en arrière et sur les flancs, par le peu d'obliquité des sutures. Le *N. euthele*, Fischer et Tournouër (*op. cit.*, pl. XVIII, fig. 19), s'en distingue très facilement; mais il est possible que l'exemplaire qui n'est représenté que de dos sous le n° 18 de la même planche doive être rapporté au *N. hypereuthele*, à en juger du moins d'après la hauteur de la spire; car l'inclinaison des sutures rappelle plutôt la forme élancée du *N. euthele*, fort commun à Cabrières, et dont les caractères, d'après les auteurs de l'espèce, se conservent à tout âge.

16. CERITHIUM DEYDIERI, Fontannes

Pl. I, fig. 15 *a* et *b*.

Testa turrita, acuta, ventricosa; — anfractus 8-9 subplani, suturis profundis separati, longitudinaliter 28-30 plicati, cingulis transversis in supremis 3, in cæteris 4, ornati; anfractus ultimus 2/5 totius longitudinis æquans, antice abrupte attenuatus, 6-7 cingulatus; basis excavata, tenue spiraliter lirata; — apertura subrotunda; callum columellare crassum, expansum, productum; canalis brevis, reflexus.

Long. 11 1/2; *lat.*, 4 1/2 *mill.*

Le *C. Deydieri* représente probablement dans le bassin du Rhône le *C. Puymoriæ*, Mayer, des faluns de la Touraine, quoique des différences assez sensibles permettent de distinguer facilement ces deux espèces. La forme générale du type de Cabrières est moins aiguë et même légèrement ventrue, rappelant ainsi en petit la silhouette du *C. lignitarum*, Eichw.; la base n'est pas creusée en gouttière; les côtes longitudinales sont plus fines; les cordons transverses, plus nombreux, plus larges, surtout sur le dernier tour, déterminent dans cette région, par leur entrecroisement avec les plis verticaux, non des carrés, mais des rectangles allongés transversalement; les sutures sont plus larges, plus profondes. En outre, je n'ai remarqué aucune trace des varices signalées par M. Mayer sur le dernier tour du *C. Puymoriæ*.

17. FOSSARUS COSTATUS, Brocchi

Pl. II, fig. 1 *a* et *b*.

Var. *Crassicostata*, Fontannes.— *Costæ transversæ crassæ, rugosæ, alternatim magis prominentes; costulæ longitudinales tenues, proximiores; — anfractus ultimus magis expansus, postice excavatus; — columella subrecta; labrum valde sinuatum; umbilicus subnullus.*

Long., 15; *lat.*, 14 *mill.*

Les alternances dans l'épaisseur des côtes transverses, à peine indiquées dans le type, s'accentuent d'une manière très sensible dans la variété de Cabrières; toutes les côtes, d'ailleurs, deviennent très fortes, très rugueuses; les costules longitudinales, au contraire, sont plus fines, plus serrées, moins obliques, et se voient à peine à l'œil nu, entre les épais et grossiers cordons qui couvrent le dernier tour; la partie antérieure de la columelle fait avec le labre un angle moins ouvert; enfin, la spire est à peine aussi élevée que dans le type de Brocchi, dont la variété *crassicostata* atteint presque la taille maximum et avec lequel elle paraît avoir plus d'affinité qu'avec la forme du Miocène moyen de la Touraine.

18. TROCHUS PRÆLINEATUS, Fontannes

Pl. II, fig. 2.

Testa solida, conoidea, imperforata, spiraliter obsolete striata; apex subacutus; — anfractus 6-7 subventricosi, sutura parum profunda sejuncti; ultimus ad peripheriam obtuse angulatus, dimidium testæ partem leviter superans, transversim striis inæquidistantibus notatus, lineis rufis paulu-lum undulatis, obliquis, circiter 28, pictus; — basis convexa, concentrice tenuiter striata; apertura subovata; labrum acutissimum, intus incrassa-tum; dens columellaris medianus, crassus, prominulus.

Long., 24; *lat.*, 22 *mill.*

Cette espèce est voisine du *T. miocœnicus* de Touraine et du groupe méditerranéen des *T. fragaroides*, Lam. (= ? *T. turbinatus*, Born), et *T. lineatus*, Costa. Elle diffère du dernier, avec lequel elle offre le plus d'analogie, par des tours généralement moins convexes dans leur partie verticale, plus bombés à la base, par une spire relativement plus haute, par des stries analogues à celles du *T. fragaroides*, mais moins profondes, par une dent columellaire sensiblement plus forte que celle des deux espèces vivantes, enfin par une coloration toute différente.

La convexité de la base, plus largement arrondie à la périphérie, la proéminence de la dent columellaire, l'inclinaison moins grande du plan de l'ouverture sur l'axe vertical, distinguent l'espèce de Cabrières du *T. miocænicus*, Mayer, d'ailleurs fortement strié et autrement coloré, ainsi que du *T. pseudofragaroides*, Font., de Tersanne.

En somme, le *T. prælineatus* vient se placer, suivant moi, entre le *T. miocœnicus* du Falunien et le type vivant des environs de Naples, désigné par Costa sous le nom de *T. lineatus*.

19. TROCHUS CABRIERENSIS, Fontannes

Pl. II. fig. 3.

Testa conoidea, transversim tenue striata, longitudinaliter nodoso-plicata; apex plus minusve acuminatus; — anfractus 6-7 subconvexi, bas canaliculati, ultimo plerumque excepto; plicæ longitudinales 12-14, raro numerosiores, obliquæ, in anfractibus supremis nullæ, in penultimo prominulæ, in ultimo interdum evanescentes, ad suturam posticam magis prominentes, anticam non attingentes; costulæ spirales inæquales, majoribus 1-2 minoribus interpositis; striæ incrementi bene distinctæ; anfractus ultimus dimidium altitudinis testæ subæquans; — basis planiuscula, concentrice striata; umbilicus mediocris; apertura subquadrata; columella antice subangulata; callum vix reflexum.

Long. 16; *lat.*, 8 *mill.*

Espèce très polymorphe, dont certains exemplaires, presque entièrement dépourvus d'ornementation, rappellent le *T. tumidus*, *in* Wood, tandis que d'autres, à spire acuminée, mais moins élevée, se rapprochent à certains égards du *T. magus* de la Méditerranée.

Les variations les plus importantes potrent sur la hauteur relative de la spire, sur la profondeur des sutures, sur le nombre, la proéminence et la persistance des tubercules allongés qui ornent la partie postérieure des tours, sur le nombre et la saillie des costules transverses, qui parfois même sont à peine visibles. Cette extrême variabilité permettra peut-être de relier, par des formes transitoires, le *T. Cabrierensis* au *T. Colonjoni*, Font., de Tersanne, qui en est voisin, mais dont toute la surface, sauf les tours embryonnaires, porte des sillons longitudinaux beaucoup plus nombreux, des stries concentriques plus profondes, et dont l'ombilic est notablement plus petit; l'ouverture, chez ce dernier, me semble aussi moins haute et la columelle plus anguleuse.

20. TROCHUS AYGUESII, Fontannes

Pl. II. fig. 4 *a* et *b*.

Testa conica, imperforata; apex subcentralis, subacutus; — anfractus 7-8 subplani, spiraliter tenue striati; costulæ transversæ 5, alternatim punctis rufis numerosissimis, interstitiis albis æqualibus, separatis, ornatæ; costula mediana suturæ anticæ proximior, ibi puncti obliqui, latiores, in postica et antica costula verticales, lineares, numerosiores; anfractus ultimus angulatus, 2/5 longitudinis testæ vix superans, antice subconvexus; — basis tenuiter striata; costulæ concentricæ alternatim punctis rufis pictæ; apertura subquadrangulata.

Long., 14; *lat.*, 11 *mill.*

Le grossissement que je donne sous le n° 4 *b* de la planche II, fera comprendre, mieux que la plus minutieuse description, l'ornementation délicate de cette jolie espèce. Dans les parties où la coquille est parfaitement conservée, il est difficile de reconnaître si les points foncés sont en relief sur les costules concentriques ; mais ils forment une série de saillies très nettes, partout où les premières couches du test ont disparu.

Sous le rapport de la forme générale, le *T. Ayguesii* a beaucoup d'analogie avec certaines variétés du *T. miliaris* de Touraine.

21. TROCHUS ANGULATUS, Eichwald

Pl. II, fig. 5.

Var. *Druentica*, Fontannes. — *Testa conoidea, subcarinata, ad peripheriam leviter canaliculata; — costulæ transversæ magis prominulæ, nonnullæ paulo majores; — columella tenuis, subrecta, vix unidentata; apertura subquadrangulata; labrum acutum, interius viride margaritaceum.*

Long., 9; *lat.*, 10 *mill.*

La variété de Cabrières participe à la fois de celle de Steinabrunn, figurée par Hörnes (pl. XLIV, fig. 10), et de la forme actuelle connue sous le nom de *T. divaricatus*. Carénée comme la première, dont elle a la taille, elle s'en distingue par des tours légèrement canalicules à la périphérie, surtout dans le jeune âge, par des costules transverses moins uniformes, un peu plus saillantes, par une base plus plane, par un ombilic généralement moins ouvert et par une dent columellaire très obsolète. Les trois derniers caractères rapprochent la variété *Druentica* du type méditerranéen, qui n'est jamais, je crois, canaliculé, et dont la columelle, plus forte et moins droite, forme à sa jonction avec le labre un angle plus aigu. L'intérieur de l'ouverture montre aussi, chez la variété du Sud-Est, cette belle nacre d'un vert assez intense qu'on remarque chez la plupart des exemplaires du *T. divaricatus*, et qui a été signalée par Lamarck. La forme du Miocène supérieur rhodanien semble donc intermédiaire entre celle du 2e étage méditerranéen du bassin de Vienne et la forme actuelle.

M. Mayer a décrit, sous le nom de *T. Castrensis*, une espèce de Castell' Arquato qui s'en rapproche beaucoup, et qui n'est peut-être, d'après lui, qu'une forte variété du *T. Adriaticus*.

22. CLANCULUS ARAONIS, Basterot

Pl. II, fig. 6.

Var. *valdecincta*, Fontannes. — *Testa crassa; — anfractus subcarinati; cinguli nodiferi, valde inæquales, in anfractu ultimo majores* 3, *interstitiis latis, striato-nodosis, separati; nodi crassiores, magis prominentes*

Long., 8; *lat.*, 11 *mill.*

Au premier abord, l'ornementation des exemplaires de Cabrières paraît tellement éloignée de celle de l'espèce de Bordeaux, qu'on hésite à les lui rapporter, même à titre de variété bien distincte. Cependant, en examinant avec soin un certain nombre de spécimens du *C. Araonis* type, on en trouve qui présentent les mêmes alternances dans l'épaisseur et la saillie des côtes spirales, alternances qui ne font que s'accentuer dans la variété de Cabrières, dont l'ornementation a plus de relief.

L'ouverture présente aussi quelques légères différences : la dent supérieure de la columelle, qui joue un certain rôle dans la distinction de cette espèce et du *C. corallinus*, L., est ici bien moins forte; par contre, celle qui se trouve immédiatement au-dessous est relativement très développée, car cette dernière est très obsolète, aussi bien sur les exemplaires de la Touraine que sur le type méditerranéen.

23. ARCA RHODANICA, Fontannes

P. II, fig. 11 *a* et *b*.

Testa ovato-cuneata, transversa, gibbosa, inæquilateralis, radiatim costata, antice rotundata, postice angusta, subrostrata; — costæ 32-36, *sublævigatæ, æquales, interstitiis angustissimis separatæ; — umbones tumidi; area minima, elongata, sulcis declivibus sculpta; dentes minuti, numerosi, densissimi, subuniformes, extremitates marginis cardinalis attigentes; — margo palliaris valde sinuatus.*

Long., 17; *lat.*, 27 *mill.*

Dans sa Monographie des Arcides tertiaires du musée de Zurich, M. Mayer a rapporté à l'*Arca diluvii*, à titre de variété, une espèce voisine en effet du type pliocène, mais « remarquable par sa forme en coin, par ses crochets très forts et tordus et par ses côtes serrées. » Ces divers caractères, très marqués sur certains exemplaires de Grund, s'accusent encore davantage chez une Arche de Cabrières, rapportée aussi à l'*A. diluvii* par MM. Fischer et Tournouër, et qui se retrouve identique dans le Comtat-Venaissin. Comme cette forme, très constante, on le voit, et d'ailleurs bien distincte du type subapennin, se rencontre toujours dans le bassin du Rhône à un niveau inférieur, et jamais, à ma connaissance du moins, dans le groupe de Saint-Ariès, je crois utile de l'élever au rang d'espèce.

On peut d'ailleurs constater d'autres différences que celles signalées par M. Mayer. La charnière est plus rectiligne et ne décrit pas en avant et en arrière une courbe aussi prononcée que dans l'*A. diluvii*. Les dents sont plus nombreuses, plus fines, plus uniformes; aux deux extrémités elles sont moins fortes, moins espacées, moins courbées; elles garnissent généralement tout le bord cardinal et ne laissent pas de chaque côté ces angles unis qu'on remarque sur l'espèce pliocène. Les côtes qui, à l'intérieur du bord palléal, correspondent aux interstices de la surface, sont plus étroites et non déprimées dans le milieu. Enfin, la coquille est plus mince et généralement un peu moins inéquilatérale.

24. DIPLODONTA FISCHERI, FONTANNES

Pl. II, fig. 12 a-c.

Testa suborbicularis, convexiuscula, vix inæquilateralis, antice et postice paululum subtruncata, transversim lineis incrementi irregulariter striata, posterius obtuse carinata; — umbones minimi, marginem cardinalem non superantes; margo cardinalis angustissimus. bidentatus; in valva dextra dens cardinalis posticus, et anticus in sinistra, majores bifidique; nymphæ lineares, sulco angusto separatæ; — impressio pallii profunda, inferne multiplicata.

Long., 11 1/2; *lat.*, 12 *mill.*

Cette espèce est probablement l'analogue miocène du *D. elliptica*, Deshayes, du bassin de Paris, et doit être voisine de l'espèce de la colline de Turin dont Michelotti a rapporté quelques valves au type bartonien. Bien qu'il existe en effet une assez grande analogie entre ces deux espèces de bassins et de niveaux différents, les divergences sont cependant trop sensibles pour qu'on puisse les confondre sous une même dénomination spécifique. Un rapide examen des figures données par Deshayes (1) suffit pour montrer que le *D. elliptica* présente une ligne cardinale plus oblique, des crochets plus saillants, des valves plus bombées, plus nettement carénées, plus déprimées en arrière de la carène.

En outre, dans le type rhodanien, les nymphes sont moins longues, moins saillantes à leurs extrémités, et la charnière, dans son ensemble, rappellerait plutôt celle du *D. Anversiensis* figuré sur la même planche.

Le *D. Fischeri*, très rare dans les marnes de Cabrières, se rencontre aussi au même niveau dans le bassin de Visan.

25. CARDITA GONIOPLEURA, FONTANNES

Pl. II, fig. 13. a-d.

Testa transversa, subtrapezia, valde inæquilateralis, carinata, ante carinam depressa, postice subconcava et truncata, longitudinaliter cos-

(1) *An. sans vert.*, t. I. pl. XLVI.

tata; — costæ 19 antice planæ, vix prominentes, prope carinam angulosæ (apice anguli postico), ad basim tenue squamulosæ, postice rotundatæ ; duæ ultimæ crassæ, prominulæ, squamosæ; interstitia minima, paulum profunda, antice fere superficialia; striæ incrementi in ætate juvenili nodosæ, in adulto densissimæ, sed bene distinctæ; — margo ventralis vix sinuatus, leviter crenulatus; umbones obliqui, vix prominentes; lunula elongata, angustissima, sulco profundo sejuncta; in valva sinistra dentes crassiusculi; — impressio muscularis antica magna, ovato-rotunda.

Long., 12; *lat.*, 24? *mill.*

L'ornementation de cette espèce la distingue nettement de ses congénères et en particulier du *C. Auingeri*, Hörnes, du bassin de Vienne, qui, sous le rapport de la forme générale, offre quelque analogie avec elle.

26. TAPES EURINUS, FONTANNES

Pl. II, fig. 14 *a-c.*

Testa transversa, valde inæquilateralis, antice rotundata, postice obtuse carinata, subangulata, concentrice costulata; — costulæ minutissimæ, posterius majores; lineæ radiales tenuissimæ, vix conspicuæ; — apex obtusus, marginem cardinalem vix superans; margo palliaris subsinuatus; dentes cardinales tres, divaricati, lamelliformes, prominentes, in valva sinistra duo anteriores inæqualiter bifidi; — sinus palliaris late apertus, rotundatus.

Long, 11 1/2; *lat.*, 18 *mill.*

Le *Tapes eurinus* est voisin du *T. geographicus*, Gmelin, type méditerranéen que M Cocconi a signalé dans les deux étages du Pliocène de Castell' Arquato. Il s'en distingue — aussi bien que du *T. lætus*, Poli, qui, d'après la figure de Brocchi, n'en est pas éloigné — par son côté antérieur plus court, plus largement arrondi, non excavé sous les crochets, par ses bords cardinal et palléal moins rectilignes, moins parallèles, par son côté postérieur très légèrement rostré, par les costules arrondies, fines, régulières, saillantes, très serrées, qui ornent la coquille en avant de la carène et dont quelques-unes se soudent pour former, sur la partie postérieure, une ornementation moins fine, mais tout aussi régulière. Le sinus est aussi largement arrondi et même un peu plus grand que dans le *T. geographicus*.

Par son contour, le *T. eurinus* rappelle certaines variétés du *T. gregarius* des Cerithien-Schichten du bassin de Vienne (1), dont il est d'ailleurs parfaitement distinct.

27. PHOLAS LUBERONENSIS, Fontannes

Pl. II, fig. 15.

Testa elongata, valde inæquilateralis, convexiuscula, antice sinuata, paulum rostrata, striis concentricis costulisque radiantibus ornata; — costulæ tenuissimæ, densissimæ, denticuliferæ, quarum 30 *in medio testæ bene distinctæ, posterius subito evanescentes; eadem pars lineis transversis non undulatis solummodo notata.*

Long., 13; *lat.*, 33 *mill.*

Espèce du groupe du *P. cylindrica*, mais plus éloignée du *P. dactylus* que le type du Crag. Par sa forme générale, elle offre quelque analogie avec le *P. candida*, dont elle se distingue par son côté antérieur échancré, légèrement rostré, et surtout par la multiplicité des costules rayonnantes qui couvrent le milieu des valves et disparaissent brusquement vers le tiers postérieur, où l'on n'aperçoit que des stries d'accroissement irrégulières et dépourvues des ondulations qui ornent les lamelles du *P. dactylus*.

Quant au *P. cylindrica*, Sow., il est relativement plus large, plus échancré, plus rostré à l'avant; le bord palléal est plus arrondi vers le milieu; les crochets paraissent plus excentriques; enfin, l'ornementation se rapproche beaucoup plus de celle du *P. candida*, auquel il a été réuni par quelques auteurs, et de celle du *P. dactylus*, dont Wood le croit plus voisin.

(1) Hörnes, pl. II, fig. 2 *l*.

B. Marnes a Helix Christoli.

1. NERITINA DUMORTIERI, Fontannes

Pl. II. fig. 7 et 8.

Testa ovato-globosa, transversim dilatata, brunea, maculis candidis, numerosis, minutis, irregularibus, ornata; spira brevis; apex obtusus; — anfractus 3 *convexi; ultimus maximus*, 4/5 *altitudinis testæ æquans, prope suturam plerumque depressus; — apertura subquadrata, obliqua, marginibus acutis, fere parallelis; labrum acutum; columella in medio* 9-11 *crenulata; callum crassum, expansum, inferne prominens, rugosum.*

Long., 7 1/2; *lat.*, 7 *mill.*

L'épaisseur de la callosité columellaire, qui s'étend en demi-cercle bien au delà des points de jonction du labre et de la columelle, et qui forme à la base de l'ouverture une assez forte saillie, la forme de l'ouverture, dont les bords sont presque parallèles, tandis que dans les espèces voisines l'ouverture se rétrécit à la base et paraît plutôt subtriangulaire, la dépression qui marque généralement le dernier tour un peu au-dessus de la suture, constituent les caractères distinctifs les plus saillants de cette espèce, que je ne connais encore que des marnes à *Helix Christoli* de Cucuron. Sa coloration la plus habituelle rappelle celle du *Neritina micans*, Gaudry et Fischer, de l'Attique, et dans le bassin du Rhône c'est avec le *N. picta*, *in* Mayer, des couches à Congéries du Comtat, que le *N. Dumortieri* présente le plus d'analogie.

2. SUCCINEA PRIMÆVA, Matheron

Pl. II. fig. 8 *a* et *b*.

Testa elongata, striis incrementi tenuibus notata; spira brevissima; apex tuberculosus; — anfractus 3, *sutura profunda, parum obliqua, in ultimo marginata, separati; ultimus magnus, 1/2 omnis longitudinis superans; — apertura oblonga, antice mediocriter dilatata; columella vix contorta, in medio paulum subconcava.*

Long., 9; *lat.*, 4 1/3 *mill.*

Cette espèce qui n'a encore été ni décrite ni figurée, a été rapprochée par MM. Fischer et Tournouër du *S. Pfeifferi*, Rossmässler. Elle en est, en effet, plus voisine que du *S. putris* type, dont une variété, cependant, n'est pas sans analogie avec l'espèce de Cucuron. C'est la variété *olivula*, propre au Sud-Ouest de la France et abondante dans les régions littorales des Basses-Pyrénées et des Landes, habitat qui ajoute à l'intérêt de ce rapprochement.

Le *S. primæva* se distingue d'ailleurs de ces deux espèces par la forme élancée de l'ouverture, dont le bord antérieur est relativement peu élargi, par une columelle à peine concave au milieu, par le peu d'obliquité du dernier tour, marqué à la partie inférieure d'une dépression qui borde la suture.

3. LIMNÆA CUCURONENSIS, Fontannes

Pl. II. fig 9 *a* et *b*

Testa tenuis, ovato-oblonga, imperforata, longitudinaliter tenue et regulariter striata; spira brevis, acuminata; — anfractus 4-5, convexi, suturis profundis sejuncti; ultimus magnus, 2/3 totius longitudinis non omnino attingens; — apertura late ovata, superne angulata; labrum acutum; columella uniplicata.

Long., 8; *lat.*, 4 1/2 *mill.*

Petite espèce du groupe du *L. ovata*, très voisine des variétés des environs d'Auch figurées *in* Dupuy, pl. XXIII, et surtout de celle que Pfeiffer en a séparée sous le nom de *L. vulgaris*. Le *L. Cucuronensis* diffère de cette dernière par des tours plus détachés, par une spire plus haute, plus acuminée, et par une ouverture plus anguleuse au sommet.

4. LIMNÆA DEYDIERI, Fontannes

Pl. II, fig. 10 *a* et *b*

Testa tenuissima, ovato-globosa, subperforata; spira brevissima;— anfractus 3-4, convexi; ultimus maximus, ventricosus, 2/3 altitudinis testæ leviter superans, lineis incrementi irregulariter striatus; — apertura magna, superne rotundata; labrum acutum, paulum reflexum; umbilicus minimus, callo columellari fere omnino tectus.

Long., 7 1/2; *lat*, 6 *mill.*

Cette espèce est voisine de la précédente ; il est cependant facile de la reconnaître à sa spire moins élevée, à son dernier tour globuleux, sans fente ombilicale, à son ouverture plus arrondie et à son bord légèrement évasé. Ces divers caractères semblent accuser une tendance vers le type *auricularia*.

Les *L. Deydieri* et *L. Cucuronensis* diffèrent assez sensiblement du type pleistocène que M. Sandberger a assimilé au *L. ovata* (1).

(1) *Land u. Süssw. Conch.*, pl. XXXV, fig. 14.

FIN

Extrait du *Bulletin de la Société géologique de France*. (Séance du 29 avril 1878).

LISTE ALPHABÉTIQUE

DES

ESPÈCES OU VARIÉTÉS NOUVELLES

DÉCRITES DANS CETTE ÉTUDE

TABLE DES MATIÈRES

LYON. — IMPRIMERIE PITRAT AINÉ, RUE GENTIL, 4

7

EXPLICATION DES PLANCHES

PLANCHE I

Fig. 1 *Murex subproductus*, Font., — p. 75.

— 2 *Cancellaria Druentica*, Font., — p. 76.

— 3^a-b^ — *Gaudryi*. Font., — p. 77.

— 4^a-b^ — *Deydieri*, Font., — p. 78.

— 5^a-b^ *Pollia Tournouëri*, Font.. — p. 76.

— 6 *Ficula clathrata*, Lamarck,
var. *Cabrierensis*, Font., — p. 79.

— 7 *Nassa Dexivæ*, Font., — p. 80.

— 8 — *Caudellensis*, Font., — p. 79.

— 9 — *sublapsa*, Font., — p. 81.

— 10 — *subduplicata*, d'Orbigny.
var. *Druentica*, Font., — p. 81.

— 11^a-b^ *Pleurotoma Caudellensis*, Font., — p. 82.

— 12 *Mitra bathmophora*, Font., — p. 83.

— 13^a-b^ *Cypræa præsanguinolenta*, Font., — p. 84.

— 14 *Natica hypereuthele*, Font., — p. 85.

— 15^a-b^ *Cerithium Deydieri*, Font., — p. 85.

1 5.a 2 5.b 3.a

4.a 4.b

6

8 7 9 3.b

11.a 11.b 15.b 15.a

14

10 12

13.a 13.b

Arnoul del. Imp. Becquet. Paris.

PLANCHE II

Fig. 1[a-b] *Fossarus costatus*, BROCCHI,
var. *crassicostata*, Font., — p. 86.
— 2 *Trochus prælineatus*, FONT., — p. 87.
— 3 — *Cabrierensis*, FONT., p. 87.
— 4[a-b] — *Ayguesii*, FONT., — p. 88.
— 5 — *angulatus*, EICHWALD.
var. *Druentica*, FONT., — p. 89.
— 6 *Clanculus Araonis*, BASTEROT.
var. *valdecincta*, Font., — p. 90.
— 7[a-b] *Neritina Dumortieri*, FONT., — p. 95.
— 8[a-b] *Succinea primæva*, MATHERON, — p. 95.
— 9[a-b] *Limnæa Cucuronensis*, FONT., — p. 96.
— 10[a-b] — *Deydieri*, FONT.. — p. 97.
— 11[a-b] *Arca Rhodanica*, FONT., — p. 91.
— 12[a-c] *Diplodonta Fischeri*, FONT., — p. 92.
— 13[a-d] *Cardita goniopleura*, FONT., — p. 92.
— 14[a-c] *Tapes eurinus*, FONT., — p. 93.
— 15 *Pholas Luberonensis*, FONT., — p. 94.

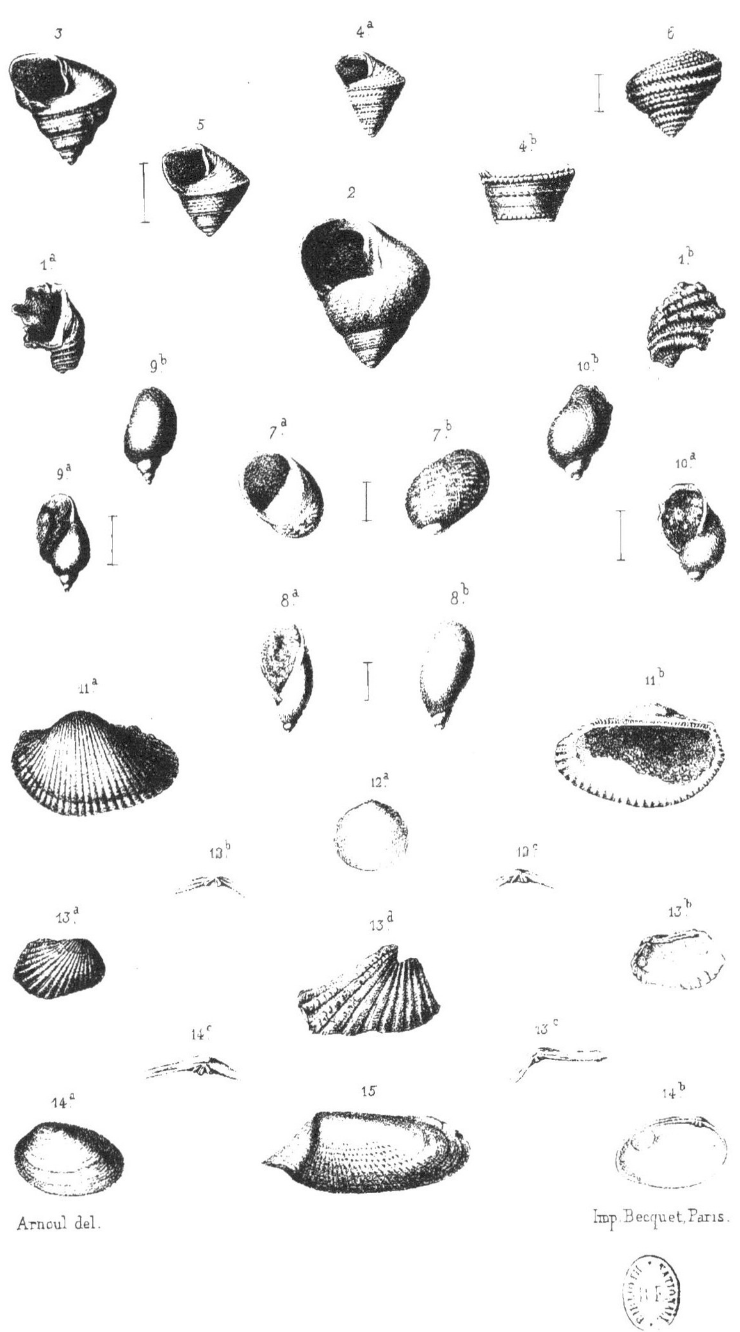

Arnoul del. Imp. Becquet, Paris.

www.ingramcontent.com/pod-product-compliance
Ingram Content Group UK Ltd.
Pitfield, Milton Keynes, MK11 3LW, UK
UKHW021109200726
13857UKWH00003B/1151